普通高等学校教材

化工原理典型教学案例

李仲民　张琳叶　魏光涛　编著

U0200523

科学出版社

北　京

内 容 简 介

本书分 4 章，主要内容包括：化工单元操作的典型实例，介绍了自来水厂、糖厂、淀粉厂中的动量传递过程，糖厂、氯碱厂的传热，中药厂、糖厂的多效蒸发，糖厂的吸收操作，乙醇精馏工艺，糖厂及淀粉厂的干燥工艺；适于计算机辅助计算的化工单元操作参数举例，包含动量传递流体参数、过滤能力、精馏参数的计算机辅助计算等；部分化工单元操作的 Aspen 仿真模拟，包含流体在管段流动、泵输送流体、换热器换热、精馏、吸收等单元操作的模拟；化工单元操作知识要点讨论，主要是重要知识点的分析。

本书可作为高等学校化工类专业本科生学习化工原理的教学参考书，也可供相关专业教师和技术人员参考。

图书在版编目（CIP）数据

化工原理典型教学案例 / 李仲民，张琳叶，魏光涛编著. —北京：科学出版社，2018.12

普通高等学校教材

ISBN 978-7-03-058669-8

Ⅰ. ①化⋯ Ⅱ. ①李⋯ ②张⋯ ③魏⋯ Ⅲ. ①化工原理–高等学校–教材. Ⅳ. ①TQ02

中国版本图书馆 CIP 数据核字（2018）第 200274 号

责任编辑：陈雅娴 付林林 / 责任校对：杜子昂
责任印制：吴兆东 / 封面设计：迷底书装

科 学 出 版 社 出版
北京东黄城根北街 16 号
邮政编码：100717
http://www.sciencep.com

北京九州迅驰传媒文化有限公司 印刷
科学出版社发行 各地新华书店经销
*
2018 年 12 月第 一 版 开本：720 × 1000 1/16
2020 年 1 月第二次印刷 印张：8 3/4
字数：176 000
定价：38.00 元
（如有印装质量问题，我社负责调换）

前　言

为国家走新型工业化发展道路、建设创新型国家和人才强国战略而实施的"卓越工程师教育培养计划"，需要在课程教学手段上做重大调整以强化培养学生的工程素质及创新能力。编者基于这种想法，编写了本书作为化工原理课程教学改革的配套参考书。

本书旨在将化工原理的理论知识与工程实际相结合，让学生了解单元操作实例的基本规律及共性，掌握单元操作相关设备的结构、性能，了解设备的设计原理及操作特性，了解实际过程包含的要素，以拓展学生的工程知识、训练学生的逻辑思维、强化学生的工程意识及工程素养。另外，本书注重培养学生利用应用软件系统及编程计算解决复杂工程问题的能力。与常规计算相比，计算机计算仅需输入数据，复杂的计算工作由计算机完成，且能很快得到结果，大大节省了工程计算与设计的时间及工作量，还可避免常规计算过程容易出现的错误。Aspen软件具有大量的化工过程模型，本书给出十个例子作为学生学习Aspen仿真的入门素材，学生在此基础上可进行更深入的学习。学会利用功能强大的Aspen软件对化工过程进行模拟、计算、设计，可获取大量贴近实际工程的训练。通过对各种工艺条件及设备参数的计算结果进行比较、分析、优化，掌握解决实际问题的技能，提高工程设计的创新能力。本书还对学习过程中需要重点掌握的知识点及难以理解的问题进行辨析，使学生深入透彻地理解化工原理课程的内容。

李仲民负责本书编写方案的制订及编写工作，张琳叶、魏光涛参与了第3章的编写工作、制作了书中的部分示意图，并对书稿进行了文字编排及审核。

多家企业的技术人员为本书提供了生产流程及工艺操作条件实例，在此向他们表示感谢。

由于编者学识有限，书中难免存在不妥之处，敬请广大读者批评指正。

编　者

2018年6月

目　　录

第1章　化工单元操作的典型实例

1.1　流体动量传递实例

流体动量传递是研究流体在静止或运动过程中遵循的流体力学规律。化工、轻工、输水工程、交通运输、气象预报、环境流体学、体育中的运动阻力等与流体相关的方面都是流体动量传递研究的领域。下面给出与流体动量传递相关的几个实例。

1.1.1　自来水厂实例

自来水与人们的日常生活密切相关，去除河水中的胶体、悬浮物、溶解物，使河水变成干净、卫生的自来水，并输送到用户的过程涉及流体动量传递的知识。

自来水生产工艺如图 1-1 所示。

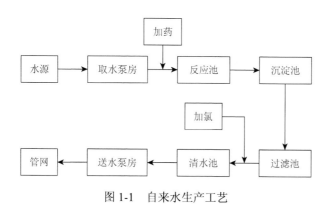

图 1-1　自来水生产工艺

取水：水泵的安装高度最好是低于或是接近于河流历年来的最低水位。这是因为即使在泵入口处达到绝对真空状态的极端情况下，静态的水也只能上升 10m 的高度。而实际抽水时，泵会受到允许吸上真空高度、吸入管路阻力损失及气蚀因素的限制。如果泵安装得太高，遇到极低水位时，则有可能抽不上水。当水位极低时，泵的吸程高度一般也不宜超过 3m。因此，泵安装位置比常规河水水位低，需要建一个抗压的圆形混凝土泵房，使泵不被水淹，河水在通常情况下能自动流入泵内。部分水厂由于取水泵的安装位置高于水位，需要配真空泵抽真空将水吸进泵内，才能抽水。而采用灌水方法，需要安装用于灌水的、低于水位的止回阀，止回阀会增加取水的阻力。若先开泵，再打开止回阀，由于阻力大容易产生气蚀；若打开止回阀而不能及时开泵，则水会漏完，产生气缚。因此，自来水厂通常不采用灌水的方式来抽水。泵的扬程依据河流历年水位的平均值选取，这样可以保证日常水位在平均值附近的大多数情况下，泵能在接近最高效率下工作，节省水的输送成本。水位偏离平均值较大时，泵仍然能抽水，但效率降低，输送单位体积水耗费的电能较大。大功率泵的效率比小功率泵的效率高，因此尽量选用大功率泵。通常安装三台取水泵是较佳的选择，其中两台工作，一台备用。水泵采用高压电机驱动，可减少电机电流，降低电机电阻对电能的消耗。自来水厂的取水涉及泵实际安装高度的确定、泵的工作点应在设计点附近等方面的知识。

加药：自来水中含有胶体、悬浮物、溶解物等，需要加入混凝剂，借助吸附、聚结、架桥等作用，使这些杂质尽可能地以粗絮粒形式从水中沉降下来，从而将其除去。用泵将混凝剂（如碱式氯化铝水溶液）压入取水管中，河水在取水管中的流动处于湍流状态，由化工原理知识可知，湍流流体具有脉动的特性，因此加药过程不需要搅拌，混凝剂也能与水很好地混合。颗粒在流体中沉降，颗粒沉降速度不仅与颗粒及流体两者的密度差成正比，也与颗粒直径成正比，颗粒越大，沉降速度越快。空气中的尘埃、水雾虽然密度大于空气，但并不容易沉降下来，而空气中较大尺寸的土颗粒、水滴则沉降速度很快。

反应池：反应池为迂回折返式水槽，使水与药剂能充分混合反应。在水中碱式氯化铝形成带正电的氢氧化铝，对河水中带负电荷的悬浮物具有吸附、电性中和作用，能使水中不易沉淀的胶粒及微小悬浮物脱稳、相互聚结，再被吸附架桥，从而形成较大的絮粒，以利于水中杂质沉降而被分离出来。沉降的污泥可以采用外排的方式进行处理。在反应池既要使流体动起来以保障流体与混凝剂充分混合、吸附、聚结，又要使流动速度不能太快，以保障大量聚结的粗絮粒不会重新破碎为细絮粒。

沉淀池：气体中的固体颗粒常采用旋风分离法去除。如果采用旋液分离法去除大量水中的固体颗粒，大量水的旋转需要消耗很大的电能。因此，水厂通常采用斜管（或斜板）来分离水中的固体颗粒。设置斜管与水流方向成一定角度，水流进斜管，水流方向改变，水中固体颗粒运动的惯性使其往斜管管壁方向移动，固体颗粒与管壁碰撞失去能量而附着在管壁上，当管壁处的固体颗粒越积越多时会团聚成大的颗粒。在紧靠壁面区域的大絮凝颗粒受到水流的扰动较小，在重力作用下，这些大颗粒会沉降下来。水厂的经验表明，斜管壁面受扰动的程度比斜板壁面要小，因此固体颗粒在斜管的沉淀效果比斜板好。由化工原理知识可知，颗粒沉降包括自由沉降、离心沉降,其中离心沉降是利用外力加快颗粒的沉降速度,而自来水厂是利用颗粒的惯性力加快颗粒的沉降速度。

过滤池:水经沉淀池处理后,其中的粗絮粒被分离出来,而细絮粒仍需采用过滤法来去除。为了使水能均匀分布,过滤层的第一层为粗石头,接下来依次为中石、小石、粗沙、细沙,起主要过滤作用的是细沙。当过滤沉积下来的固体颗粒较多时,采用反冲的方法将过滤截留下来的颗粒除去。化工原理介绍的典型过滤是采用加压或真空给流体提供推动力,并用滤布作为过滤介质。自来水厂水中絮凝颗粒形成的滤饼与细沙配合,能较好地过滤细小的颗粒,不需要滤布。水过滤时,形成的滤饼较薄、较松散、阻力较小,不需要加压,利用水层的静压强作为推动力即可进行过滤。

加氯:由过滤池出来的水要进行加氯杀菌,以保证自来水达到饮用水细菌指标要求。加氯可以加入液态的氯气或是气态的二氧化氯。两者都是利用氧化作用,破坏细菌的酶系统,使细菌死亡。液氯可以通过购买的方式得到,使用起来比较方便,但氯气有毒,泄漏会危及厂区附近居民的人身安全,二氧化氯则通常是现场制备。

清水池:清水池采用封闭方式防止外界异物如灰尘等掉入水中造成污染,其上方安装通气孔,使水输入或输出时,不会因过大的正压或负压而造成封闭式的清水池损坏。清水池的水位不能太低,否则清水池底部的沉淀物由于受到流水的扰动而被卷起、带走,影响水质。由化工原理知识可知,水位较高时,远离流体主体、靠近壁面的流体边界层流速较小,其脉动、扰动作用较小,对沉淀物的扰动较小。

送水泵房:送水泵的扬程约为 40m,泵出口处的表压强约为 4atm(1atm = 1.01325×10^5Pa)。输水主干管道直径通常较大,与自来水厂所处高度相差不是很大的地方,主干管道压强变化不大,用户支管阻力损失为主要阻力损失。在居民用水量处于正常情况下,依靠自来水厂送水泵的水压一般可以为 10 层楼以下的用户供水。如果楼层更高,则需要安装增压泵,才能为更高楼层的用户供水。一些超高楼层,需要在不同的楼层设置多级增压泵。城市输水系统一般由多个自来水厂供水,采用网状管路,如果有一个自来水厂不能供水,其他几个可加大产量来保证供水。如果有某段管道需要抢修而关闭时,由于供水系统为网状管路,因此受断水影响的只是管道关闭段的小范围区域。化工原理涉及流体输送阻力损失及输送成本问题,若送水泵扬程太小,流体流速小,则流体的阻力损失小,输送消耗的能量小,操作费用较低,但需要较大直径的输送管道,投资费用会增加较多;若送水泵扬程很大,流体流速大,尽管输送管道直径较小,投资费用较小,但流速大,流动阻力大,流体输送消耗的能量大,操作费用较高。扬程的选择是为了保证输水的成本最低。

1.1.2　糖厂蔗汁澄清实例

甘蔗经压榨后得到的蔗汁含有蔗糠、蔗蜡、蔗脂、淀粉、泥尘、酚类物质等杂质，会影响成品糖的质量。在蔗汁中加入混凝剂，借助架桥作用，使其与大量非糖分杂质形成絮凝颗粒，可将杂质除去。经沉降处理的糖汁分为清汁和泥汁两部分，其中清汁占 70%～80%，泥汁占 20%～30%。泥汁中含泥沙、糖汁、化学处理生成的沉淀物。泥汁中的糖汁需要用板框压滤机或真空吸滤机进行回收。化工原理介绍了板框压滤机及真空吸滤机，由于泥汁中含有大量的蔗糠，在过滤时其形成的滤饼比较疏松，过滤阻力较小，因此可以利用过滤推动力较小的真空回转过滤机进行过滤。真空回转过滤机为连续操作，对于形成滤饼阻力小的液体，其生产能力很大。如果为了提高污泥中糖汁的回收率，或工艺原因或原料原因致使糖汁过滤时形成较大的滤饼阻力，则需要采用推动力较大的压滤机进行过滤。

在蔗汁中加入石灰乳，石灰乳中的钙离子、氢氧根离子可以吸附部分非糖分杂质，生成大颗粒沉淀物而将杂质除去。接下来，如果是亚硫酸法工艺则通入二氧化硫，使其与石灰乳反应生成亚硫酸钙沉淀物来吸附非糖分杂质而将此类杂质除去。如果是碳酸法工艺则通入二氧化碳，使其与石灰乳反应生成碳酸钙沉淀，碳酸钙通过吸附及架桥作用可去除蔗汁中的非糖分杂质。利用具有较大推动力的压滤机，采用孔径较小的滤布对蔗汁进行过滤，可以去除大部分的非糖分杂质。同时，二氧化硫还具有降低蔗汁色值的作用。二氧化硫是甘蔗糖厂使用的主要澄清剂。不少甘蔗糖厂以增大石灰乳加入量来降低白糖中二氧化硫的残留量，因此清汁中留有不少的钙离子，从而导致蒸发罐加热表面积垢增加。一般 3～5 天就需清理一次蒸发罐积垢。磷酸是辅助澄清剂，磷酸与钙离子在蔗汁中生成磷酸钙。磷酸钙是絮状沉淀物，吸附杂质能力强，易与通入液相中的微小气泡结合而浮升到液面，能方便地去除杂质。化工原理中过滤没有涉及使颗粒增大的内容，但生产中对于颗粒较小的悬浮物或杂质，需要添加组分使其形成大颗粒，再用沉降及过滤的方法对其进行去除处理。

1.1.3　淀粉生产中旋液分离器的应用

化工原理仅介绍了旋风分离器，旋液分离器的工作原理与旋风分离器类似，含悬浮物的液体从切线方向高速进入旋液分离器，由于高速旋转而产生离心力，密度大的固体颗粒或液体被甩向外壁而沉降分离。旋液分离器具有沉降、浓缩、除砂、分级等功能。密度大的液体或固体颗粒随螺旋流降至底部后排出，而澄清液体则在内层旋转由中心位置向上流动，从顶部溢流管排出。在淀粉企业，旋液分离器用于低浓度淀粉乳的除砂、从淀粉乳中分离蛋白和脂肪、对淀粉乳进行清洗和精制、从溢流和洗涤水中回收淀粉等。

1.1.4　与流体压强有关的一些应用实例

（1）改变流体压强以实现某种功能的装置：压力锅、吸尘器、冰箱、打气筒、真空盒、钉枪、风镐、气刹、气控门、水压机等。

（2）利用压强改变材料性能的方法：在高压下，石墨可以变成金刚石；普通的刀在几万个大气压下处理后可削铁如泥；铝在 8000atm 下处理后强度可增加一倍；在超高压下，磷、碘、硒、硫、氢具有金属性能。

（3）改变流体压强的生产工艺：变压吸附及脱附工艺；加压或减压使反应向目的产物方向进行；气体混合组分加压液化后精馏；减压提高组分间相对挥发度的精馏；对空气进行多次加压、冷却，最后减压膨胀变冷使空气液化，再利用精馏的方法将氮气和氧气分离；对氦气进行多次加压、冷却，最后减压膨胀变冷可得到−272℃的超低温。

（4）超临界生产工艺：气体或液体可在高压强和适当温度下处于超临界状态。在超临界状态下，流体中的溶质浓度大、流体黏度小、物质扩散速度快，对许多传质过程和反应过程有促进作用。例如，二氧化碳在 30℃、200 多个大气压的超临界状态下，可萃取植物中的药用成分、辣椒中的红色素等。有机废水在 374.3℃和 22MPa 的超临界状态下，其中的有机物在 1min 内能被混合空气中的氧完全氧化（或称燃烧掉）。当废水中的有机物含量达到 10%以上，利用有机物氧化产生的热能发电可满足生产运行的电能需求，不用外界提供能量。

1.1.5　与伯努利方程有关的一些应用实例

水塔能将水的位能转换为水的动能和压强能。

实验室有时会用图 1-2 所示的"水老鼠"玻璃装置接入打开水的水龙头，用于产生真空。"水老鼠"喷嘴处水的流通截面较小、流速较大，由伯努利方程原理可知，此处的压强很小，因此可以将该装置产生的真空用于抽滤、真空蒸发等。

高速运动的物体（飞机、车、船）和高速流体的附近有快速运动的流体，快速运动流体的压强小，对周围物体有一定的吸力，因此，为了人身安全，要远离高速运动的物体或流体。

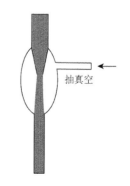

图 1-2　"水老鼠"抽真空

　　射流技术是伯努利方程原理的应用系统。如图 1-3（a）所示，当 L 形壁面有流体从壁上的孔射出时，射流束附近会产生负压，由于左边是固定的壁面，壁面不会被吸过来，而射流会被吸过去。将图 1-3（b）所示的碗倾斜倒出碗里的水时，由于有宽的碗边，流出的水与碗壁间有较大空间的空气隔开，水流不容易贴碗壁；而用图 1-3（c）所示的碗倒出碗里的水时，由于没有宽的碗边，流出的水容易贴向碗壁。射流技术主要是利用运动流体的附壁原理。

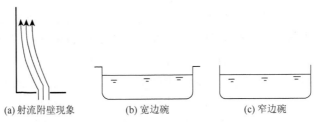

(a) 射流附壁现象　　　(b) 宽边碗　　　(c) 窄边碗

图 1-3　流体附壁效应

　　图 1-4 为射流技术应用中的双稳态触发器。如果流体走开叉通道的左通道，流动流体导致左通道的压强减小，流体会一直从左通道通行。如果施加一个从左往右的脉冲控制流，原来走左通道的流体被推向右通道，当控制流停止后，流体流动导致右通道的压强减小，流体会一直从右通道通行。

　　双稳态触发器可以实现两种操作，如用于开关元件"开"和"关"的操作，左通道的流体可触发"开"的动作，而右通道的流体可触发"关"的动作。双稳态触发器还可以控制火箭喷出火焰的方向，进而控制火箭的飞行方向。同时类似于磁记录（无磁表示"0"，有磁表示"1"），可以将串联的双稳态触发器用作记忆元件。一个触发器相当于 1 位数，可定义左通道流动流体表示"0"，右通道流动流体表示"1"。

　　图 1-5 为射流技术应用中的放大器元件，可实现类似电学中三极管放大信号的功能。当流体进入放大器到达开叉支路，由于右通道的曲率小于左通道曲率，

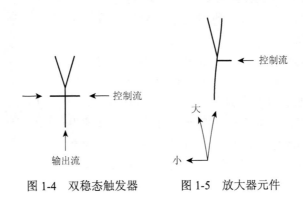

图 1-4　双稳态触发器　　　图 1-5　放大器元件

因此流体走右通道。当放大器输入一个控制流（或称信号流），控制流会将不同比例（依据控制流的大小）右通道的流体推向左通道，当分叉的左右通道曲率相差不太大时，较小流量的控制流就可以将较大流量的右通道的流体推向左通道。从左通道流出的流体流量与控制流流量是呈放大比例关系的，即放大器具有放大信号的作用。

图 1-6 为射流技术应用中的射流二极管，从射流二极管右边进入的流体可以从左上方的通道流出。若流体从图 1-6 左下方通道进入，则会从右上方的通道流出，左上方通道没有流体流出。这样就可以实现类似于电学中二极管单向通行的功能。图 1-7 为射流技术应用中的部分其他元件。与门元件是实现与门逻辑关系的元件。与门逻辑关系要求同时满足一定的要求。例如，"本地 70 岁的老年人进公园可以免费"，要同时满足"本地"和"70 岁"两个条件，仅满足一个条件均视为不能满足要求，结果不成立。当流体从与门元件［图 1-7（a）］的左下方或右下方通道进入，流体都将走直线，中间通道没有流体流过，对应于条件不满足的情况；当流体从左下方和右下方通道同时进入时，中间通道才会有流体流过，对应于条件满足的情况。或门元件是实现或门逻辑关系的元件。或门逻辑关系只要满足其中一个要求就视为满足要求。例如，公共汽车上的老弱病残孕专座，只要满足老弱病残孕五个条件中的一个，就视为满足要求。流体从或门元件［图 1-7（b）］的左下方或右下方通道进入，中间通道都有流体流过，对应于条件满足的情况。由电学知识可知，当电流突然增大时，电感可以抑制电流的突然增大，在射流技术中对应的元件是流感［图 1-7（c）］。流感是一根细长管，当流体流量突然增大时，由于管细且长，在管子的另一段要经过比较长的时间流量才会增加。另外，对应电学中的电容、电阻，射流技术有流容［图 1-7（d）］、流阻［图 1-7（e）］。

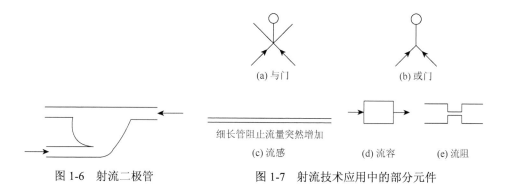

(a) 与门　　　　　　(b) 或门

细长管阻止流量突然增加

(c) 流感　　　(d) 流容　　　(e) 流阻

图 1-6　射流二极管　　　　图 1-7　射流技术应用中的部分元件

将多个射流元件连接起来，可以实现类似于电子元件组合系统的功能。射流元件系统可用于震动、高温、腐蚀的场合，对生产中的流量、温度、压强等进行控制，还可用于机床的自动化控制。

1.1.6　测流体流速的实例

化工原理介绍了用于流体测速的皮托管，实际用得较多的测速仪器是飞机前端的空速管。空速管测两点的压强差不宜采用液体柱，可利用压强差使金属膜变形带动指针指示压强差数值。如果要测化工搅拌容器内各点的流体流速、水电站导流管各处流水的流速，则不宜用皮托管测量，因为皮托管太多会占用一定的空间，使流体的流通截面发生改变，此外读数也不方便。对此类情况可采用热电偶测流体流速。当流体流速不同时，存在温度差异的流体与热电偶之间的传热量不同，热电偶的温度发生变化，建立流速与温度间的关系，测定温度即可确定流体流速。

1.2　糖厂及氯碱厂的传热实例

传热在实际中涉及的领域很广，如能源工业：若核反应堆的热量能快速传出及发电机能快速冷却就能增加发电量；石油、化工、轻工：物料的加热、冷却；环境保护及节能方面：强化传热、保温；冶金工业：加热、余热的利用；交通领域：汽车、轮船、飞机等发动机的冷却；航天领域：宇航服的恒温、飞船表面的降温、隔热；建筑材料方面：保温、吸热、防辐射传热；家电：冰箱压缩管、空调外机、计算机部件的冷却；农业领域：蔬菜大棚吸收太阳能、保温；机械方面：机械部件散热；人们的日常生活：夏天用空调、吹风扇，冬天用暖气、穿厚衣服。下面介绍与传热相关的生产实例。

1.2.1　糖厂的直接混合式传热

若冷热物料可以直接接触，采用直接接触传热可减少传热热阻，提高传热效率。榨汁后的蔗丝需用水逆流洗涤溶出蔗丝中的糖分，后段洗涤蔗丝出来的低浓度糖汁作为前段蔗丝的洗涤水。蔗丝洗涤水采用直接混合热水的方式进行升温，温度高的水能溶出蔗丝中的更多糖分。末效真空蒸发罐及真空煮糖罐都是采用喷射真空泵来产生真空，在喷射真空泵内利用冷水与蔗汁沸腾产生的蒸汽直接混合来冷凝蒸汽，蒸汽变为液体，所占空间大大减小，有利于增大真空度。

1.2.2　氯碱厂的直接混合式冷却

电解氯化钠水溶液可得到氢氧化钠溶液、氯气和氢气，由于电解电流大，电解产生的氢气温度高而不好储存。考虑氢气在水中的溶解度极小，生产中采用冷水与热氢气直接混合进行冷却。热氢气在冷却塔内靠压差由下往上流动，冷却水由冷却塔顶部喷淋下来，两者直接混合，减少了传热阻力。

1.2.3　糖厂的间壁式传热

制糖生产中有许多低品位的液体热量，可借助间壁换热器用于预热生产原料来回收其热量，以达到节能的目的；而糖厂的蒸发罐、煮糖罐若采用直接蒸汽加热会导致蒸汽冷凝水稀释糖汁，因此需采用间壁式传热。蔗汁中的钙、镁离子会导致换热器结垢，垢层会导致传热系数 K 值降低 20%～40%，如不及时除垢，可使传热系数 K 值下降至 50%～80%。以前利用化学试剂溶解垢层来除垢，近年来比较环保的方法是采用 300atm 的高压水枪来除垢。

1.3　蒸发生产实例

1.3.1　中药厂制备中成药

化工原理讲述了分段蒸发的优点。中药厂在生产口服液时，中药熬制溶液经两段蒸发去除水分，使溶液浓缩。前段蒸发在低浓度和低黏度的条件下进行，能提高水分的蒸发速度。后段蒸发溶液浓度较高，传热系数小，传热速率变慢，因此后段蒸发设计成不需要蒸发太多的水分，这样可缩短后段蒸发时间。否则后段的蒸发时间太长，高浓度溶液会导致蒸发罐结焦，同时溶液也容易受热变质。

1.3.2　糖厂蒸发实例

1. 糖厂五效蒸发工艺

由化工原理知识可知，采用多效蒸发，其热能利用类似于多层蒸笼蒸馒头，可多次利用蒸汽的热能，大大提高了热能的利用率。甘蔗榨出的蔗汁经澄清处理后含水量为 86%～88%，需要蒸发水分浓缩后才能进入煮糖罐进一步浓缩至饱和，析出白糖晶体。蔗汁蒸发过程产生的二次蒸汽称为"汁汽"，其热量在蔗汁蒸发及煮糖过程中要加以利用，蒸发前一效的二次蒸汽可作为后一效的加热蒸汽，冷凝水可作为锅炉用水及工艺用水。

糖厂蔗汁通常采用五效蒸发来提高蒸汽的利用率，前两效蒸发罐采用正压操作，后三效蒸发罐采用负压操作，蔗汁与加热蒸汽走向采用并流方式。糖厂五效蒸发操作设定的相关参数值见表 1-1。

表 1-1　糖厂五效蒸发操作设定的相关参数值

参数	I 效	II 效	III效	IV效	V 效
加热蒸汽绝压/MPa	0.2700	0.1905	0.1301	0.0841	0.0447
加热蒸汽温度/℃	128.9	118.0	106.5	94.3	78.0
糖汁沸点/℃	120.1	109.1	97.4	83.4	61.4
汁汽绝压/MPa	0.1965	0.1364	0.0872	0.0468	0.0135
汁汽温度/℃	119.0	107.5	95.3	79.0	51.0
有效温差/℃	8.8	8.9	9.1	10.9	16.6
糖分导致糖汁沸点升高/℃	0.6	0.8	1.1	1.8	3.6
静压导致糖汁沸点升高/℃	0.5	0.8	1.0	2.6	6.8

图 1-8 为汁汽温度与汁汽绝压及纯水温度与饱和水蒸气压的关系曲线，两条曲线几乎重合，这表明糖汁的沸点虽然高于同压强下纯水的沸点，但水蒸气从糖汁出来经膨胀做功后，温度降到与同压强下的纯水沸点几乎相等。

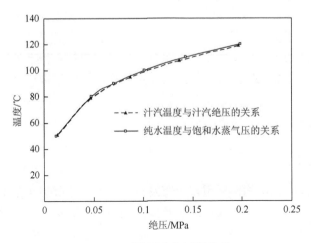

图 1-8　系统温度与压强关系

在较高温度下蒸发蔗汁水分，可降低蔗汁的黏度、提高传热效率，但高温会增加糖的转化损失，同时糖浆色值也会增大，使成品白糖的颜色变深，影响质量。因此，第一效蒸发罐蔗汁温度设定为 120℃左右。真空蒸发及真空煮糖可降低蔗汁的沸点，减少蔗糖转化及色素产生，同时可利用温度较低的蒸汽作为加热蒸汽，节省热能。但是，如果蒸发在较高的真空下进行，由于产生高真空能耗高，生产成本增加。蒸发效数增多，可使蒸汽利用率提高，但蒸发强度降低。蒸发效数与蒸汽消耗量的关系见表 1-2。蒸发效数与蒸发强度的关系见表 1-3。

表 1-2　蒸发效数与蒸汽消耗量的关系

蒸发效数	蒸发 1kg 水消耗蒸汽量（理论值）/kg	蒸发 1kg 水消耗蒸汽量（实际值）/kg	消耗蒸汽量实际值与理论值之比
单效	1.00	1.10	1.10
双效	0.50	0.57	1.14
三效	0.33	0.40	1.21
四效	0.25	0.30	1.20
五效	0.20	0.27	1.35

表 1-3　蒸发效数与蒸发强度的关系

蒸发效数	蒸发强度/[kg 水汽/(m²·h)]
单效	70～80
双效	30～36
三效	20～25
四效	18～21
五效	15～18

由表 1-2 可知，蒸汽消耗量随着蒸发效数的增多而逐渐减少。但蒸发效数为五效时，实际消耗的蒸汽量为 0.27kg，与四效时蒸汽消耗量 0.30kg 相比，减少程度已不明显。若再增加蒸发效数，节约蒸汽的费用与设备增加产生的费用相比很接近，表明再增加蒸发效数已没有意义。另外，蒸发效数增加会导致温度差损失增加、蒸发强度降低。在自然循环的蒸发罐中，温度差一般不应低于 5～7℃。首罐糖汁的沸点不宜高于 125℃，因此第一效加热蒸汽温度不宜超过 134℃；而末效真空度一般不高于 88kPa（约 660mmHg），该效蔗汁的沸点≥51.7℃，因此总温度差受到限制。蒸发效数越多，分配于每效的温度差就越小，而且每效都有温度差损失。例如，四效蒸发的总温度差损失约为 16℃，而五效蒸发的总温差损失则达到 20℃左右。因此，总温度差不变时，蒸发效数越多，温度差损失越大，分配于

各效的温度差越小，使蒸发能力大大下降。所以甘蔗糖厂的蒸发装置一般为二至五效，多数采用五效。其工艺流程为：清汁通过加热器加热后进入第一效蒸发室。糖厂发电系统汽轮机排出的乏汽（废汽）可作为第一效的加热蒸汽。当乏汽不足时，可用锅炉生蒸汽减压后进行补充。在第一效蒸发罐中，加热蒸汽通过加热管壁将潜热传给糖汁后凝结成水。糖汁和汁汽采用并流的方式，可避免浓度较大的糖汁受高温影响。糖汁受热沸腾，部分水分蒸发成汁汽，由蒸发罐顶部导出，送入第二效汽鼓作为加热蒸汽，糖汁则自动流入第二效蒸发室。第二效蒸发罐的汁汽和糖汁分别进入下一效的加热室和蒸发室，依此类推。第五效出来的糖浆经糖浆箱送往下一工序。末效汁汽进入水喷射泵冷凝，体积收缩，产生真空，同时水在喷射泵的喷嘴处高速喷出产生真空，两者共同作用使末效蒸发罐获得较高的真空度。

各效汽凝水分别通过自蒸发器或分水器后进入热水储箱，不含糖分的第一效的汽凝水作为锅炉用水，其他效的汽凝水则作为制糖过程的工艺用水。从自蒸发器回收的自蒸发汽则进入下一效的汽鼓，作为加热蒸汽。

为了减少全厂蒸汽用量，一般均从各效抽取额外蒸汽作为加热器或结晶罐的热源。五效蒸发汁汽除供全部加热器使用外，还有较多汁汽未被利用。因此，尽可能利用多出来的一效、二效、三效汁汽来煮糖，可降低全厂蒸汽的消耗量。

2. 蒸发罐工艺参数

目前，国内普遍使用中央循环管式蒸发罐，而国外则使用板式和管式降膜式蒸发罐。板式和管式降膜式蒸发罐能大大降低蒸发过程的能耗。从蒸发工段出来的蔗汁要达到煮糖工序的要求，糖浆浓度要达到62～65锤度，较高者要达到70锤度。国外借助自动控制仪表精确控制糖浆浓度，将糖浆浓度提高到76锤度才进入煮糖罐，这样可以减少水分在煮糖过程高浓度饱和状态、低传热系数的条件下蒸发，可减少蒸汽用量和节省煮糖时间。但糖浆浓度过高容易造成过饱和，结晶操作难以控制，精确的测量仪表及浓度控制能较好地解决这个问题。

糖厂蒸发罐的直径较大、壁面较薄，其传热系数 $K_{总}$ 可按如下所示的平壁传热系数公式进行计算，即

$$K_{总} = \cfrac{1}{\cfrac{1}{\alpha_{汽}} + \cfrac{\delta_{壁}}{\lambda_{壁}} + \cfrac{\delta_{垢}}{\lambda_{垢}} + \cfrac{1}{\alpha_{汁}}}$$

式中，$\alpha_{汽}$ 为加热蒸汽侧的给热系数；$\lambda_{壁}$、$\delta_{壁}$ 分别为加热蒸汽管壁的导热系数和管壁厚度；$\lambda_{垢}$、$\delta_{垢}$ 分别为加热管糖汁侧管壁垢层的导热系数和垢层厚度；$\alpha_{汁}$ 为加热管糖汁侧的给热系数。

随着蒸发效数的增加，糖汁浓度及黏度增大，沸点降低，蒸发罐的传热系数变小，需要逐渐增大传热温差。

加热蒸汽中的不凝性气体对传热系数有很大影响，不凝性气体含量分别为0.1%、0.2%、0.5%时，加热蒸汽侧的给热系数分别降低 22%、32%、50%，因此要注意排除不凝性气体。此外，蒸汽冷凝水的给热系数也较小，因此也要及时排除蒸汽冷凝水。

蒸汽在蒸发罐中流速要适当大，以提高传热系数，且分布要均匀，避免出现蒸汽流动死区，导致有效传热面积减小。

在蒸发罐传热的四种热阻中，金属加热管热阻较小，管壁的厚度及材质对传热系数影响不大。例如，外径为 31.8mm、厚度为 3.57mm 的钢管，其传热系数为 4232.05kJ/(m^2·h·℃)；若厚度改为 1.7mm 的铜管，传热系数仅提高到4506.69kJ/(m^2·h·℃)。由此可知，改用铜管成本大大增加，而增加的传热效果有限。

糖汁流速对传热系数有影响，而影响糖汁流速的因素有：①传热温差：传热温差越大，加热处糖汁与其他位置糖汁的密度差越大，糖汁循环速度越大；②糖汁的浓度与黏度：浓度与黏度越大，流动阻力越大，循环速度越小。

汁汽从前一效进入后一效时，会受到捕汁器、阀门、管路的阻力影响，汁汽的压强和温度随之下降，相应地称这类温度损失为管道阻力损失，它造成的汁汽温度损失通常在 1℃ 左右。

综上所述，总温度损失 = 沸点升高 + 静压损失 + 管道损失。

传热温度差分配要符合以下原则：①各效加热面积相等；②加热面积之和最小；③全厂合理利用热能方案要求各效汁汽的温度。

由糖汁的五效蒸发可了解实际各效蒸发温度及压强的安排、温度及压强的限制条件、蒸发效数与蒸汽消耗量的关系、各效传热温差及溶液沸点升高、影响蒸发效果的相关因素，以及提高蒸发操作效果的措施。

1.4 糖厂吸收实例

化工原理介绍了板式塔及填料塔两种气液传质设备。在实际生产中除了这两种，还有其他形式的气液传质设备。

1.4.1 蔗汁吸收二氧化硫

使蔗汁澄清的亚硫酸法是先加入石灰乳，再通入二氧化硫使其生成亚硫酸钙沉淀物来吸附非糖分杂质，将杂质除去。加入石灰乳的蔗汁在中和器喷嘴处以20～30m/s 的速度喷出，产生负压，抽吸二氧化硫，气液相在湍流状态下充分混合，蔗汁对二氧化硫具有较高的吸收率。喷射吸收装置可节省空间，气液混合效果好，吸收效率高。

1.4.2　蔗汁吸收二氧化碳

使蔗汁澄清的碳酸法是先加入石灰乳，再通入二氧化碳使其生成碳酸钙沉淀物来吸附非糖分杂质，将杂质除去。在饱充罐内加入石灰乳的蔗汁吸收二氧化碳。饱充罐的结构有以下两种类型。

1）隔板式饱充罐

隔板式饱充罐为立式圆柱体，罐底为圆锥形，罐内设五层木隔横栅板，蔗汁从罐的上部进入，由罐底排出。二氧化碳从罐底的四个部位切线进入罐内，对罐底的蔗汁起旋转搅拌作用，以提高二氧化碳与蔗汁的混合效果。二氧化碳与蔗汁逆流接触，五层木隔横栅板起到将两者充分分散与混合的作用，二氧化碳的吸收率可达 70%～75%。

2）鼓泡式饱充罐

鼓泡式饱充罐的罐体与隔板式饱充罐的罐体相同，但罐内不设隔板，而是安装五根鼓泡式短管，气体从管中出来后，管的锯齿状边缘使气体呈小气泡状态，能较好地分散于蔗汁中，二氧化碳的吸收率为 65%。

这两种吸收装置结构简单、易于清洗。若吸收在常规填料塔中进行，则填料中的残留变质积液会影响糖汁质量。

1.5　乙醇精馏实例

化工原理主要介绍采用一个精馏塔来分离两种组分，而生产中有机产物通常有多种组分，其中乙醇精馏实例是实现多组分分离的典型操作。

1.5.1　醪液成分物性数据

甘蔗糖蜜经发酵后，在发酵成熟醪液中乙醇含量为 10%～12%（体积分数），水、醇类（除乙醇外）、醛类、酸类、酯类、蛋白质、甘油、酵母、原料的皮壳等几十种组分的体积分数为 90%左右。要得到纯净的乙醇，需要采用精馏方法将乙醇与各种不同挥发性的物质分离开来。

醪液中的杂质分为头级杂质、中级杂质与尾级杂质三种。头级杂质是比乙醇沸点低而挥发性大的杂质，如乙醛、乙酸乙酯等。中级杂质中部分沸点低的组分接近头级杂质沸点，部分沸点高的组分接近尾级杂质沸点，如异丁酸乙酯、异戊酸乙酯等。尾级杂质是比乙醇沸点高而挥发性比乙醇小的杂质，如各种高级醇类

（工厂称为杂醇油）。醪液中除水之外的主要组分名称及其沸点列于表 1-4，其中比乙醇沸点高的组分沸点以加粗字体表示。

表 1-4　发酵成熟醪液主要组分及其沸点

组分种类	组分名称	沸点/℃
醛类	乙醛	20.8
	糠醛	**162.0**
酯类	甲酸乙酯	54.2
	乙酸甲酯	77.2
	乙酸乙酯	77.15
	丁酸乙酯	**121.0**
	异戊酸异戊酯	**196.0**
	异戊酸乙酯	**134.3**
	异丁酸乙酯	**110.1**
醇类	甲醇	64.5
	（乙醇）	78.3
	异丙醇	**82.0**
	丙醇	**87.2**
	丁醇	**117.0**
	异丁醇	**107.0**
	戊醇	**137.0**
	异戊醇	**132.0**
	甘油	**290.0**
酸类	甲酸	**101.0**
	乙酸	**118.0**
	丁酸	**162.0**

　　乙醇-水溶液沸点及气液平衡数据见表 1-5。由表 1-5 中的气液平衡数据可知，在液相乙醇体积分数小于 97.6%时，气相乙醇体积分数大于液相乙醇体积分数，因此经过多次部分汽化与冷凝，可连续提高乙醇的浓度。但当液相乙醇体积分数等于 97.6%时，气相乙醇体积分数也等于 97.6%，气相乙醇体积分数不再增加。相应地称该组成混合物为恒沸混合物，其沸点最低，为 78.15℃。由于恒沸混合物的存在，在常压下采用普通精馏方法得不到无水乙醇。在乙醇生产中经常用到挥发系数与精馏系数这两个术语。乙醇挥发系数为气相乙醇体积分数与液相乙醇体积分数之比。精馏系数为杂质挥发系数与乙醇挥发系数之比。

表 1-5 常压下乙醇-水溶液沸点及气液平衡数据

液相沸点/℃	液相乙醇体积分数/%	气相乙醇体积分数/%	气相乙醇体积分数与液相乙醇体积分数之比
100.00	0	0	1.00
95.90	5.00	35.75	7.15
92.60	10.00	51.00	5.10
88.30	20.00	66.20	3.31
85.56	30.00	69.26	2.31
84.08	40.00	71.95	1.80
82.28	50.00	74.96	1.50
81.70	60.00	78.17	1.30
80.80	70.00	81.85	1.17
79.92	80.00	86.49	1.08
79.12	90.00	91.80	1.02
78.75	95.00	95.05	1.00
78.15（共沸点）	97.60	97.60	1.00
78.20	97.70	97.68	1.00
78.30	100.00	100.00	1.00

改变系统压强，乙醇-水恒沸混合物的组成会发生改变。表 1-6 为系统压强与乙醇-水恒沸混合物组成的关系。由表 1-6 可知，系统压强减小，恒沸混合物的乙醇含量增加，当压强为 70.0mmHg（绝压）时，恒沸混合物的乙醇含量为 100%，即此时采用精馏方法可得到无水乙醇，但对系统真空度要求高、耗能大。另外，加入吸水剂（如氧化钙等）也可制备无水乙醇。目前，工业上多采用加入挟带剂（苯或甲苯）进行恒沸精馏的方法来制备无水乙醇。

表 1-6 系统压强对乙醇-水恒沸混合物组成的影响

压强/mmHg（绝压）	沸点/℃	恒沸混合物的乙醇含量/%（质量分数）
70.0	27.96	100.00
94.4	33.35	99.50
129.7	39.20	98.70
198.4	47.63	97.30
404.6	63.04	96.25
760.0	78.15	95.57

1.5.2　乙醇精馏工艺

乙醇精馏工艺有单塔式、双塔式、三塔式和五塔式等类型。其中，由粗馏塔、排醛塔和精馏塔组成的三塔式工艺应用较广。

1. 单塔式乙醇连续精馏工艺

该流程仅有一个板式塔，下段是提馏段，上段是精馏段。提馏段的主要作用是将乙醇从发酵成熟醪液中分离出来，精馏段的主要作用是浓缩乙醇及去除少量杂质。发酵成熟醪液首先作为冷流体进入塔顶分凝器，与塔顶馏出物乙醇蒸气进行热交换，乙醇蒸气部分冷凝，放出的热量来预热醪液以降低能耗。预热后的醪液由塔上半部进入塔内，加热蒸汽由塔底蒸汽加热管进入，将液相加热至沸腾，蒸汽逐板上升，经过提馏段与精馏段，蒸汽进入分凝器，大部分蒸汽冷凝成液体并回流至塔内。在分凝器内未冷凝的蒸汽则进入冷凝器冷凝成液体，并在冷却器冷却到室温，经乙醇浓度检测后流出作为成品。酒糟由塔底经控制器排出，部分酒糟蒸汽经过酒糟蒸汽冷却器和检验器后流出，检验器用来检查酒糟蒸汽冷凝液乙醇浓度是否降低到设定值。乙醇含量为 6%～8%（体积分数）的发酵成熟醪液，经过塔板数为 28～30 块的精馏塔处理后，仅可获得乙醇含量为 92%（体积分数）的产品。

2. 双塔式乙醇连续精馏工艺

该工艺包括粗馏塔和精馏塔。粗馏塔的作用与单塔式工艺的提馏段相同，是把乙醇及低沸点的组分从发酵成熟醪液中分离出来，蒸馏后的废糟由塔底排出塔外。精馏塔的主要作用是提高乙醇浓度及去除部分杂质，使产品质量符合标准。精馏塔有气相进料及液相进料两种方式。

气相进料的双塔流程为：用泵将发酵成熟醪液自醪池输送至预热器，与精馏塔蒸出的乙醇蒸气进行热交换，被加热的发酵成熟醪液进入粗馏塔上部，粗馏塔底部用蒸汽加热，被蒸尽乙醇的成熟醪称为酒糟，由粗馏塔底部排出，经粗馏塔蒸出的乙醇蒸气直接进入精馏塔。该流程的蒸汽及水消耗量少，与液相进料相比节省设备，但仅靠两个板式塔难以去除不同沸点的杂质，乙醇纯度不高。这种工艺适合发酵液汽化后杂质含量较少、以淀粉为原料制备乙醇的工艺。

液相进料的双塔流程为：粗馏塔产生的酒气先冷凝成液体，然后进入精馏塔。通过控制冷凝温度，乙醇冷凝液化，而醛蒸气不液化，该流程多一次排醛机会，成品质量较好。但由于酒气要先冷凝成液体再精馏，因此冷却水及蒸汽消耗量大。这种工艺适合以糖蜜为原料发酵制乙醇、杂质含量较多的发酵醪液的分离。由于液相进料去除了部分沸点低的气相组分，乙醇浓度比气相进料的稍高，因此精馏塔的进料位置要比气相进料时高 2～3 层。

采用双塔式精馏塔提取杂醇油，包括液相提油和气相提油两种方法。液相提油是将杂醇油比较集中的进料层上方 2～4 层塔板上的乙醇液体引出，经冷却、加水乳化，利用杂醇油浮于水面的特性将杂醇油除去。气相提油是将杂醇油比较集中的进料层以下 2～4 层塔板上的乙醇蒸气引出，冷凝后加水乳化，然后将上层杂醇油分离出来送至储存罐，粗杂醇油浮在上面，储存罐下层的淡酒则回流至醪池中。

精馏塔底部液相用蒸汽加热，由粗馏塔送来的粗乙醇经精馏塔提浓后，乙醇蒸气由塔顶进入醪液预热器被部分地冷凝，未被冷凝下来的乙醇蒸气再进入后面的两个冷凝器。由 1 级冷凝器出来的冷凝液全部回流至精馏塔，部分尚未冷凝的气相则进入 2 级冷凝器。由于从 2 级冷凝器出来的冷凝液温度更低，更多低沸点组分被冷凝下来，该冷凝器流出的冷凝液含杂质较多，不再流回塔内而作为工业乙醇出售。经过一系列冷凝处理后，还没有被冷凝的二氧化碳气体、低沸点杂质气体由排醛管排至大气中。

抽取塔顶回流管以下第 4～6 块塔板上的液相作为成品乙醇，液体经冷却器冷却、检验达到质量标准后送入酒库。塔底蒸尽乙醇的废水称为余馏水，排至精馏塔外。

液相进料双塔式工艺的操作条件：

粗馏塔：进料温度为 65～75℃，塔底温度为 104～106℃，绝对压强为 0.10～0.15MPa，排出废液中乙醇含量为 0.05%（体积分数）以下，塔顶温度为 92～96℃，1 级冷凝器水温为 60～65℃，2 级冷凝器水温为 40～45℃。

精馏塔：塔底温度为 103～105℃，绝对压强为 0.15～0.20MPa，排出废液中乙醇含量为 0.05%（体积分数）以下，塔顶温度为 78～79℃，1 级冷凝器水温为 70～75℃，2 级冷凝器水温为 65～70℃，3 级冷凝器水温为 40～45℃，成品冷却器水温为 30℃以下，醛酒提取量为乙醇产量的 2%～4%，杂醇油提取量为乙醇产量的 0.3%～0.5%，成品中乙醇含量为 95.5%（均为体积分数）以上。

3. 三塔式乙醇连续精馏工艺

1）三塔流程

三塔流程包括粗馏塔、排醛塔和精馏塔，与双塔式流程相比多了一个排醛塔。排醛塔设于粗馏塔和精馏塔之间，其作用是去除头级杂质。经排醛塔去除头级杂质后的脱醛酒以液态形式进入精馏塔，继续去除头级杂质，并去除尾级杂质，进一步提高乙醇浓度，从而获得质量较高的乙醇产品。

粗馏塔：成熟醪液用泵自醪池输送至预热器，经精馏塔塔顶蒸气预热后进入粗馏塔。由粗馏塔蒸出的酒气进入排醛塔，进入排醛塔的粗乙醇含量应控制在35%～40%（体积分数），若浓度过高则需加水稀释，这是因为酯醛类头级杂质在低乙醇浓度下精馏系数较大，更容易分离。纯乙醇沸点是 78.3℃，但乙醇与其他成分混合液体的沸点远远高于 78.3℃。釜温过高，沸点比乙醇高的杂质组分大量汽化，对分离不利，且消耗蒸汽量大。但釜温过低，酒槽中的乙醇没有完全蒸发出来，回收率降低。

排醛塔：排醛塔的作用是去除粗乙醇中所含的醛、酯等低沸点、易挥发的杂质。成熟醪液所含醛类主要有甲醛、乙醛、丙醛、正丁醛、正戊醛、异丁醛、异戊醛、正己醛、乙缩醛、丙烯醛、丁烯醛、香草醛、糠醛等。从排醛塔塔顶出来的酒气经 1 级冷凝器冷凝后全部回流至排醛塔，未被冷凝的酒气经温度更低的 2 级冷凝器后，仍有未被冷凝的则用排醛管将其排入人气。脱醛酒出排醛塔塔底排出进入精馏塔。

精馏塔：经过两塔蒸馏得到的脱醛酒，还需要进一步提高乙醇浓度、去除杂质。精馏塔的作用是分离四种组分，上除头级杂质，中提杂醇油，下排尾级杂质，最终获得符合质量标准的成品乙醇。

2）三塔工艺形式

三塔工艺按排醛塔和精馏塔进料相态可分为直接式、半直接式和间接式三种形式。

直接式：指粗乙醇由粗馏塔进入排醛塔，以及排醛塔的脱醛酒进入精馏塔均为气相，可节省大量料液汽化的能耗，但不利于排除头级杂质，成品质量不佳。

半直接式：指进入排醛塔的粗乙醇为气相，而进入精馏塔的脱醛酒为液相。采用此流程的热能消耗比直接式的大，但产品质量好，乙醇厂多采用此方法。

间接式：指进入排醛塔的粗乙醇及进入精馏塔的脱醛酒均为液相。采用此流程，由于粗馏塔蒸出的酒气部分冷凝成为液体，多了一次气液分离来排除头级杂质，所以成品乙醇质量比前两种好，但生产费用较高。

3）三塔工艺操作条件

（1）半直接式三塔工艺操作条件。

粗馏塔：进料温度为 72～75℃，塔底温度为 104～105℃，绝对压强为 0.10～0.14MPa，塔顶温度为 96～98℃。

排醛塔：塔底温度为 88～90℃，塔顶温度为 78～79℃，1 级冷凝器水温为 70～75℃，2 级冷凝器水温为 35～45℃。

精馏塔：塔底温度为 105～106℃，绝对压强为 0.20～0.25MPa，塔中部温度为 82～84℃，进料层温度为 86～88℃，塔顶温度为 78～79℃，1 级冷凝器水温为 70～75℃，2 级冷凝器水温为 35～40℃，提取区温度为 90～95℃（气相提取油），杂醇油提取量为乙醇产量的 0.3%～0.5%，成品中乙醇含量为 95.5% 以上，废液中乙醇含量为 0.05%（均为体积分数）以下。

（2）间接式三塔工艺操作条件。

粗馏塔：进料温度为 75～80℃，塔底温度为 104～106℃，绝对压强为 0.10～0.15MPa，排出废液中乙醇含量为 0.05%（体积分数）以下，塔顶温度为 92～96℃，1 级冷凝器水温为 60～65℃，2 级冷凝器水温为 40～45℃。

排醛塔、精馏塔的操作条件与半直接式三塔蒸馏操作条件基本相同。

粗馏塔及辅助设备的结构参数值与生产能力的关系见表 1-7 和表 1-8。排醛塔及辅助设备的结构参数值与生产能力的关系见表 1-9。精馏塔的结构参数值与生产能力的关系见表 1-10。

表 1-7　粗馏塔结构参数值与生产能力的关系

塔直径/mm	塔高/mm	塔板数/块	塔质量/t	产量/(L/d) *
630	6 060	20	1.20	5 000
1 120	6 570	18	2.86	15 000
1 450	6 640	18	4.20	20 000

* 产量已折算为无水乙醇的体积，表 1-8～表 1-10 同。

表 1-8　粗馏塔分凝器及冷凝器结构参数值与生产能力的关系

分凝器传热面积/m²	分凝器质量/t	冷凝器传热面积/m²	冷凝器质量/t	产量/(L/d)
21.5	1.97	3.75	0.238	5 000
29.0	2.32	12.00	0.590	15 000
48.0	3.60	17.25	0.680	20 000

表 1-9　排醛塔及辅助设备结构参数值与生产能力的关系

塔直径/mm	塔高/mm	塔板数/块	塔质量/t	分凝器面积/m²	分凝器质量/t	产量/(L/d)
470	5 982	30	0.750	6	0.310	5 000
760	6 019	30	1.483	12	0.505	15 000
950	6 041	30	2.170	15	0.600	20 000

表 1-10　精馏塔结构参数值与生产能力的关系

塔直径/mm	塔高/mm	塔板数/块	塔质量/t	产量/(L/d)
550	12 356	66	1.83	5 000
950	12 406	66	4.49	15 000
1 250	12 441	66	6.80	20 000

4. 多塔式乙醇连续精馏流程

多塔式乙醇连续精馏流程有三个以上的塔，它是在三塔式基础上根据产品质量的特殊要求而增设专用塔。例如，为加强抽提杂醇油，可在精馏塔后增设一个杂醇油塔，或者为进一步去除挥发性杂质，可在精馏塔后增设后馏塔。

5. 板式塔的加热方式

乙醇生产厂有直接蒸汽加热及间接蒸汽加热两种加热方式。直接蒸汽加热的蒸汽由开孔蛇管排出进入釜液。此法优点在于热能利用完全，操作比较灵敏，但当蒸汽杂质含量高时会影响乙醇质量。间接蒸汽加热采用蛇管换热器，热能利用率比直接蒸汽加热法低，但某些物料加热必须采用此法。例如，甲醇塔就只能采用间接蒸汽加热，因为直接蒸汽加热时，蒸汽冷凝水的稀释作用会使甲醇的精馏系数变小，不利于甲醇的分离。

醪液为热料进塔，利用塔顶乙醇蒸气和塔底酒糟废热预热发酵成熟醪液后再进入粗馏塔。塔顶乙醇蒸气预热醪液在醪液预热器内进行，乙醇蒸气被冷凝，醪液被加热，传热过程发生相变，传热效果较好。利用酒糟自蒸发的蒸气预热醪液，可节省热能。

6. 成品乙醇提取

依据成品乙醇质量指标的不同，可从精馏塔的冷却器或塔身提取。提取工业乙醇可以从精馏塔最后的冷凝器中取出，该法能量消耗最少、设备投资较少。纯度要求较高的乙醇则在精馏塔板上提取，头级杂质集中在塔顶几块塔板上，因此成品乙醇可从塔顶以下第 4～6 块板上的液相提取，有时也可从更低的塔板上提取，但要注意中级杂质和尾级杂质对成品质量的影响，否则提取不到合格的乙醇产品。从塔板液相提取成品时，取液管口要埋入液面下。为了减少乙醇挥发损失，成品乙醇必须经过成品冷却器冷却到30℃以下才能送往酒库。

7. 杂醇油提取

杂醇油是酒糟副产物，其产量为乙醇产量的 0.5%～0.7%。提取杂醇油可提高乙醇质量。以进料层为界可将精馏塔分为两段，上段为精馏段，下段为提馏段。在提馏段乙醇浓度较低，含水量大，异戊醇等杂醇油挥发系数与精馏系数 K 均较大，杂醇油随着蒸气沿塔板上升，异戊醇在液相中的含量小于在气相中的含量；在精馏段乙醇浓度高，异戊醇的挥发系数与精馏系数逐渐变小，并小于 1，因此异戊醇在液相中的含量大于在气相中的含量，杂醇油随回流液下降，这样大量杂醇油积累于塔的中部，其集结点在乙醇含量为55%（体积分数）（$K=1$）处。

在实际生产中，精馏塔进料条件、塔板上乙醇浓度及塔板上蒸气压强等因素

都会影响 $K \approx 1$ 的具体位置，通常在加料板以下第 2～6 块的气相抽取杂醇油，而液相抽取杂醇油则在加料板以上第 2～6 块上进行。

按上述方法提取的杂醇油是水、乙醇及一些高级醇的混合液体，需要根据乙醇、水、杂醇油三者相互溶解关系，在杂醇油分离器中加入适量的水，以分离出杂醇油。

8. 甲醇的去除

甲醇对乙醇的质量有很大影响，去除甲醇最简单的方法是利用甲醇在高浓度乙醇中精馏系数较大的特性，采用部分冷凝方法去除气相状态的甲醇。若乙醇质量对甲醇指标要求很高，可在精馏塔后设置除甲醇塔。

9. 精馏工艺条件

粗馏塔和精馏塔的底部温度和压强由塔板结构、塔内液面高度及釜液乙醇残留浓度限定等因素决定。粗馏塔塔顶温度由塔顶的乙醇浓度、进醪的温度及进醪量决定。各冷凝器的冷却水温度根据冷凝器热负荷的大小来定，同时冷凝器的冷却温度要保证酒精蒸气能冷凝下来，使酒精不能以蒸气的方式从排醛管排出。

10. 分离塔的塔型

我国乙醇精馏以泡罩塔、浮阀塔为主，填料塔及筛板塔应用较少，斜孔塔目前也逐渐被采用。

为了进一步提高浮阀塔生产能力，降低浮阀塔压降，可在浮阀塔板上再开若干筛孔，成为浮阀-筛孔复合塔板。当气相负荷较低时，气相主要通过筛孔鼓泡上升，类似于筛板阻力小的流体动力学状态，随着气相负荷增大，浮阀打开，气相同时通过筛孔和浮阀，塔板具有筛板塔和浮阀塔两者的优点。

1.5.3　乙醇精馏塔的辅助设备

1. 成熟醪液预热器

利用精馏塔塔顶 78℃左右的乙醇蒸气冷凝放出的热量，可以将成熟醪液由 30℃左右加热到 60～70℃，这样可以节约大量蒸汽。有些厂家还将预热器预热后的成熟醪液再经温度更高的从粗馏塔塔底排出的酒糟加热，使成熟醪液温度又提高几摄氏度，能节省更多的蒸汽。

成熟醪液的预热器一般采用卧式热交换器。成熟醪液比热容为 0.95kcal/(℃·kg) (1cal = 4.1868J)，95%（体积分数）乙醇汽化潜热为 229kcal/kg。通常情况下成熟醪液只能将乙醇蒸气部分冷凝。根据经验，预热器传热系数 $K_{预}$ 一般取 250～300kcal/(℃·m²·h)，换热器单根管的长度一般不超过 3m。

2. 乙醇冷凝器及冷却器

经预热器后尚未冷凝的乙醇蒸气进入分凝器，冷凝液回流塔内。经分凝器后尚未冷凝的少量酒气再经冷凝器冷凝后进入冷却器，酒气冷却后成为醛酯酒。在塔板上提取的成品乙醇需要用冷却器冷却至室温才能入库。在条件允许时，尽量采用温度为 20～30℃ 或更低的冷水作为冷凝器及冷却器的冷流体。冷水在冷凝器出口的温度一般控制在 58℃ 左右。冷凝器一般采用立式列管换热器，冷却器一般采用立式列管换热器或蛇管换热器。冷凝器表面辐射会损失热流体 2% 的热量。

冷凝器中的冷流体是水，黏度较醪液小，因此分凝器的传热系数 $K_{分}$ 比醪液预热器的要大，根据经验，$K_{分}$ 一般取 550kcal/(℃·m²·h)。95%（体积分数）乙醇比热容为 0.8kcal/(℃·kg)，通常乙醇要冷却到 30℃ 左右，所用冷水一般为 20℃ 左右。冷却器的传热系数比有相变的冷凝器及预热器传热系数都要小，根据经验，冷却器的传热系数一般取 140kcal/(℃·m²·h)。

3. 酒糟、废液排出控制器

分离塔塔釜必须保持一定的液层高度和压强，因此需要控制粗馏塔酒糟及精馏塔废液的排出。控制酒糟、废液排出的设备有两种，一种是浮鼓式控制器，另一种是 U 形管控制器。

浮鼓式控制器上端与粗馏塔塔釜液面上方空间连通，以平衡压强，下端有管与粗馏塔塔釜液相连接，塔釜酒糟能流入控制器内。控制器内有一浮鼓，浮鼓与器底锥形阀相连。当酒糟在控制器内的液位较高时，浮鼓上浮，提起锥形阀，酒糟排出。当控制器内酒糟排出液面逐渐下降，浮鼓随之下沉，锥形阀向下运动逐渐关闭出口通道。浮鼓顶上有中心轴，控制器顶盖上有轴套，使浮鼓沿垂直方向上下浮动而不致左右摇摆。另外，也可以采用 U 形管控制器自动排酒糟。利用液柱平衡压强造成液封，借塔釜的压强将酒糟废液排出。U 形管可以朝上，也可以朝下。

4. 分离塔常见故障及排除方法

分离塔常见故障及排除方法见表 1-11。

表 1-11　分离塔常见故障及排除方法

常见故障	排除方法
粗馏塔塔顶温度过高或过低（前者主要由热量过多或物料太少造成）	温度过高，减少加热蒸汽量，加大进醪量；温度过低，增加蒸汽量，减少进醪量
粗馏塔逃酒太多（主要由乙醇在醪液中没有被蒸出造成）	加大蒸汽量或减少进醪量，提高塔内温度

常见故障	排除方法
精馏塔逃酒太多（主要由乙醇残留在废液中没有被蒸出造成）	加大蒸汽量，提高塔内温度，减少塔底液相高度，降低进料的乙醇浓度
精馏塔内温度猛升（主要由塔内轻组分含量变少造成）	关闭出酒阀，减少供汽量，增大进醪量，还应注意取油（高沸点物质）
排醛管排醛效果不好（冷却水温太低，将醛气冷凝下来）	减少用水量，提高 2 级冷凝器冷却水的温度，增大供汽量
排醛管逃酒（主要是酒气没有冷凝下来）	降低冷凝器冷凝水温
冷凝器回流小（主要是产生的蒸气少）	加大蒸汽量，加大进醪量，增大回流比

总结：①利用塔顶蒸气来加热原料，在塔顶蒸气冷凝下来的同时，使热能得到充分利用；②塔顶蒸气采用多级冷凝，可使不同沸点的组分得到分离，并且能多次利用冷凝剂的低温来增加传热温差，提高传热效率；③多组分精馏时，一个精馏塔可以取出多种组分，包括杂质组分，可以提高目的产物的纯度；④目前精馏塔技术的发展趋势是尽量减少热能的消耗，工艺中逐步趋向于采用较小回流比而增加塔板数来达到需要的分离效果。

1.6　干燥生产实例

1.6.1　白糖干燥实例

由离心机分离出来的白糖水分含量为 0.5%，需要进一步干燥使水分降到 0.07% 以下才能达到产品指标。白糖干燥可采用自然干燥法。自然干燥法是鉴于白糖从分蜜机卸下时温度较高，与常温空气接触后，空气获得热量升温，相对湿度变小，白糖水分向空气迁移，使白糖含水量最终达到产品指标。

1.6.2　淀粉干燥实例

1. 淀粉机械脱水

淀粉生产中将经过清净工序处理的呈悬浮液状态的淀粉称为淀粉乳。淀粉乳的淀粉浓度为 36%～40%，含水量为 60%～64%，湿淀粉容易变质，需要马上用泵送至成品车间进行机械脱水和加热脱水。干淀粉由淀粉乳经机械脱水和气流干燥后制得，干淀粉一般含水量为 12%～14%。机械脱水比较经济，仅是加热脱水费用的 1/3。因此，要用机械法从淀粉中去除尽可能多的水分，但是，采用机械法时脱水率受到限制。例如，用甩干离心机对玉米淀粉进行机械脱水，含水量只能达到34%，而马铃薯淀粉离心脱水时的含水量只能达到36%；真空过滤机脱水时淀粉含水量只能达到40%～42%。

1）真空脱水机及其工作情况

用于淀粉生产的真空脱水机是由真空吸滤机简化而来。由于取消了复杂的分配隔空，真空脱水机又称无隔室真空吸滤机。真空脱水机的转鼓直径缩小至2000mm以下。在面积要求较大时，可增加转鼓的长度，最长可达到4m，过滤面积大于20m^2。

性能较好的真空脱水机采用双泵型，一台高真空度的真空泵负责抽气，一台小流量的水泵用来抽过滤水。真空脱水机不需要将淀粉乳液高速旋转，因此在同等产量下其动力消耗仅为自卸料刮刀离心机的1/3左右。而且，它还具有转速低、无噪声、工作平稳、过程连续、操作容易等优点。真空脱水机采用无级调速装置，可调转速范围为6～20r/min。常用调速装置为可控硅变频调速器或滑差调速电机。有特殊要求的，可以使用可调行针摆线减速电动机。

真空脱水机单位有效过滤面积的生产能力为0.5～0.6t/(m^2·h)，进浆浓度为3～5锤度时，最大脱水量为0.3～0.6m^3/(m^2·h)。双泵结构真空脱水机比简易单泵结构真空脱水机的生产能力大。

2）自卸料刮刀离心机及其工作情况

自卸料刮刀离心机简称刮刀离心机，是淀粉行业应用最广泛的脱水机械。淀粉乳经离心机的离心作用使淀粉颗粒与水分离，淀粉被截留在筛网上，利用刮刀将其刮落。1个甩干工作周期为2.5min，脱水后湿淀粉（马铃薯淀粉）的最低含水量可达36%，比真空脱水机的脱水效果稍好。刮刀离心机的使用性能好、脱水效率高、对原料适应性广。其主要缺点是造价高、维修困难、动力消耗大。

总结：离心机可使水获得几百倍重力的离心力，因此脱水效果比真空脱水机的好，但耗能较大。

2. 淀粉加热脱水

1）管束干燥机的工作原理

电动机借助减速机齿轮带动管内通高温蒸汽的热管束旋转。待干燥物料通过进料螺旋输送机从端面进料口进入机内。装在管束外围的直型抄板把物料抄起，从旋转管束的顶部落入加热管之间，热管加热湿物料，使其水分蒸发。湿物料失水干燥后，由斜抄板推出出料口。管内蒸汽放热后形成的冷凝水落到收集区后进入空心轴，经旋转接头管排出。

湿物料水分汽化形成的蒸汽在外壳上部的排气口由风机抽出。被风机抽走的细物料由旋风分离器回收。

管束干燥机物料与蒸汽走向一般采用逆流方式。机盖上的废气排出口设置在进料处。利用温度较高的二次蒸汽将刚进入的湿物料进行预热，充分利用热量。

2）气流干燥机的工作原理

气流干燥机利用热空气作工作介质，把热能直接传给淀粉颗粒，使淀粉水分汽化，并被空气流带走。利用旋风分离器把空气流中的淀粉与气流分离，最后得到水分降低至符合产品标准的干淀粉。

气流干燥机主要由空气加热器、加料器、干燥管、旋风分离器、风机等组成。

空气加热器由蒸汽散热排管、电热补偿器和空气滤清器等器件组成。当蒸汽供热量不足时，电热补偿器会自动补偿热量。空气需要过滤，以防止空气中的杂质污染淀粉。

加料器由加料斗、螺旋输送器和鼓形阀等组成。鼓形阀是一个旋转叶轮。湿淀粉由螺旋输送器送入鼓形阀，鼓形阀将湿淀粉进一步粉碎，并连续、定量、均匀地送入干燥管。依据干燥情况可对加料器的转速进行调节。

风机为离心式风机，加热后的空气和鼓形阀送来的湿淀粉经风机送入高度为 8～10m 的干燥管，干燥管内物料流速为 14～20m/s。由于湿淀粉与热空气的接触时间很短，尽管热空气进入干燥管时的温度高于 120℃，淀粉也不会糊化。在干燥管内分散成微粒的湿淀粉，其水分在热空气中被迅速汽化，使含水量为 36%～40%的湿淀粉变为含水量为 12%～14%的干淀粉，随后旋风分离器将淀粉颗粒与气流分离。旋风分离器是一个上部为圆柱形、下部为圆锥形的筒体。圆柱形部分由一个外圆筒和一个内圆筒组成，圆锥形部分的下端有一个干粉出口。气流切向进入旋风分离器圆筒做回旋运动。淀粉因受离心力的作用触碰分离器内壁，失去动量，然后在自身重力作用下沿内壁落下，从出料口排出，进入集粉袋。净化后的气流则从旋风分离器上部的内圆筒进入粉尘分离器。

粉尘分离器也是一个旋风分离器。粉尘分离器用来进一步回收气流中的淀粉，并对气流进一步净化后再排入大气。粉尘分离器也可用袋滤器代替。袋滤器是一个倒置的布袋，滤布对气流夹带的粉尘起过滤作用。袋滤器的优点是捕集粉尘效率高、结构与操作简单，缺点是需要经常清理布袋。若滤布表面黏附的粉尘太厚，将造成气流阻力过大。清理方法有机械振动、压缩空气反吹、人工清理等。连续生产需要用两组袋滤器交替进行过滤及清理。

气流干燥机每去除湿淀粉 1kg 水分需要 2.0～2.2kg 蒸汽、10m³ 空气。

总结：管束干燥机的蒸汽在管内、物料在管外，两者不直接接触，可避免蒸汽温度低于冷凝温度时冷凝析出水分使物料返潮，但管壁会增加热阻。气流干燥机的空气被蒸汽加热后与物料直接接触，热阻小，而且热空气能与物料充分混合接触，即热空气可通过固体的空隙渗入固体内部，接触面大、受热均匀、传热效率高。但是，气流干燥机增加了空气作为传热介质，空气带走部分热量使热能利用率降低。

第2章　适于计算机辅助计算的化工单元
操作参数举例

化工单元操作计算具有工程性质，许多参数的计算比较复杂，若在工程设计计算时出现错误，可能会造成很大的损失。借助计算机可避免计算过程出错、节省时间、减少工作量。

2.1　动量传递流体参数的计算机辅助计算

【例2-1】利用 Excel 求解伯努利方程的参数数值。

说明　求解伯努利方程中的参数时容易出现计算错误，利用 Excel 数据处理功能将伯努利方程计算过程固定下来，并用例题检验计算过程正确后，则可用于求解伯努利方程中的各个参数。只要输入的参数值是对的，就能计算出正确的结果。下面是利用 Excel 求解伯努利方程参数数值的方法。

解　伯努利方程为

$$z_1 + \frac{p_1}{\rho g} + \frac{u_1^2}{2g} + H = z_2 + \frac{p_2}{\rho g} + \frac{u_2^2}{2g} + h$$

步骤1。目的：用例题正确数据验证 Excel 表格输入的伯努利方程每项计算式是否正确。

找一道例题，将例题数据输入 Excel 表格，并在表格中输入公式计算，检验计算结果是否能使等式两边相等，以此检验计算是否正确，见表2-1。

（1）第1行：9个格分别输入伯努利方程9个参数的名称。

（2）第2行：在对应9个参数名称下的表格中，输入例题中 z_1、p_1、ρ、u_1、H、z_2、p_2、u_2、h 的数值。

（3）第3行：输入伯努利方程6项的名称及表示方程等号左、右边的和："左和"、"右和"。

（4）第4行：在对应伯努利方程8项名称及"左和"与"右和"下的表格分别输入计算式计算该项的值，如 p_1 项值 = B2(p_1 值所处表格)/C2(ρ 值所处表格)/9.81，u_1 项值 = D2(u_1 值所处表格)^2/2/9.81。检查左边和与右边和是否相等，以此来检验计算过程是否正确。

表 2-1 用例题数据检验 Excel 表格中项目计算式的正确性

表格符	A	B	C	D	E	F	G	H	I	J	K
第1行：参数名称	z_1	p_1	ρ	u_1	H		z_2	p_2	u_2	h	
第2行：输入参数数值	0	48 550	1 000	1	20		10	96 100	2	5	
第3行：方程项目名称	z_1项	p_1项		u_1项		左和	z_2项	p_2项	u_2项		右和
第4行：方程项目计算值	0	4.95		0.05	20.00	25.00	10.00	9.80	0.20	5.00	25.00

步骤 2。目的：检验计算单个参数是否正确。思路：复制第 1～4 行经过验算的区域，删掉某个参数的值，加两行用于计算比参数值（如下面举例计算 u_2 的值），若计算正确，则计算出的参数值应与例题该参数的数值相等，见表 2-2。

（1）将第 1～4 行复制、粘贴得到第 5～8 行。

（2）第 5 行：参数名称。

（3）第 6 行：8 个参数 z_1、p_1、u_1、H、z_2、p_2、u_2、h 的数值，每次删掉 1 个数值。例如，要计算 u_2，则删掉 u_2 的数据。

（4）第 7 行：若要计算 u_2 的值，由于这个参数没有数据，在表格中其数值默认为 0，因此该参数的对应项也为 0，为了避免误读，可以在该项打"×"。

（5）第 9 行：复制第 5 行伯努利方程 8 个参数名称，前面加上问号，表示可能要求解的参数，具体到某道题要求解哪个参数，则将这个参数名称变为粗体字或红色的字，方便查看结果。

（6）第 10 行：在对应 8 个参数名称下的表格输入每个参数的计算公式。例如，$u_2 =$ sqrt((G8 左和值所在表格位置−L8 右和值所在表格位置)*2*9.81)，即

$$\frac{0+\dfrac{48550}{1000\times9.81}+\dfrac{1^2}{2\times9.81}+20}{\text{左和值}} = \frac{10+\dfrac{96100}{1000\times9.81}+5}{\text{右和值}} + \frac{u_2^2}{2\times9.81}$$

第 10 行对应于第 9 行 u_2 参数下的计算值为 2.0，与第 2 行 u_2 的数值相同，说明计算结果正确。而其他项是以 u_2 默认值为 0（因为第 6 行的 u_2 处没输入数据）进行计算，因此计算结果是错误的，是没有用的，即第 10 行除了 u_2 的数据，其他参数数据加下划线表示是无用的数据。类似地，可以求出其他 7 个参数的数值。

表 2-2　用例题数据验证 Excel 表格中求参数计算式的正确性

表格符	A	B	C	D	E	F	G	H	I	J	K
第 5 行: 参数名称	z_1	p_1	ρ	u_1	H		z_2	p_2	u_2	h	
第 6 行: 输入参数数值	0	48 550	1 000	1	20		10	96 100		5	
第 7 行: 方程项目名称	z_1 项	p_1 项		u_1 项		左和	z_2 项	p_2 项	$\times u_2$ 项		右和
第 8 行: 方程项目计算值	0	4.95		0.05	20.00	25.00	10.00	9.80	0	5.00	24.80
第 9 行: 要求解的参数	$?z_1$	$?p_1$		$?u_1$	$?H$		$?z_2$	$?p_2$	$?u_2$	$?h$	
第 10 行: 求解参数	−0.2	−2 000		#NUM!	−0		0.20	2 000.0	2.0	0.2	

步骤 3。目的：复制经过验算的第 5～10 行，得到第 11～16 行可以用于计算习题的参数，见表 2-3。

（1）将第 5～10 行复制、粘贴得到第 11～16 行。

（2）在第 12 行输入习题的参数值，在第 16 行可得到要计算的结果。例如，已知相应参数值，要计算 z_1 数值。参数数值、各项数值、求出的 z_1 结果见表 2-3。

表 2-3　用经过验算的计算方法求解习题参数

表格符	A	B	C	D	E	F	G	H	I	J	K
第 11 行: 参数名称	z_1	p_1	ρ	u_1	H		z_2	p_2	u_2	h	
第 12 行: 输入参数数值		0	861	0	0		0	20 000	1.04	1.1	
第 13 行: 方程项目名称	$\times z_1$ 项	p_1 项		u_1 项		左和	z_2 项	p_2 项	u_2 项		右和
第 14 行: 方程项目计算值	0	0		0	0	0	0	2.37	0.06	1.08	3.50
第 15 行: 要求解的参数	$?z_1$	$?p_1$		$?u_1$	$?H$		$?z_2$	$?p_2$	$?u_2$	$?h$	
第 16 行: 求解参数值	3.5	29 592		8.290 9	4		−3.5	−29 592	8.290 9	−4	

说明　很多复杂的方程都可以采用类似本例题的方法进行求解。

【例 2-2】 利用编程求积分，确定充分湍流时湍流速度分布式中指数 n 的数值范围。

说明　本例题若采用先求积分原函数再求 n 值，计算过程会比较复杂，而利用编程求积分比较方便。此外，各种复杂的积分都可以用类似本例题的方法进行求解。

解　实验得到湍流速度分布的经验式为

$$\frac{u_r}{u_{\max}} = \left(1 - \frac{r}{R}\right)^n$$

式中，指数 n 与 Re 范围有关，当

$$4\times10^4 < Re \leqslant 1.1\times10^5 \text{时}, n = 1/6$$

$$1.1\times10^5 < Re \leqslant 3.2\times10^6 \text{时}, n = 1/7$$

$$Re > 3.2\times10^6 \text{时}, n = 1/10$$

教材给出充分湍流时平均流速 $\bar{u}$ 与最大流速 $u_{\max}$ 满足 $\bar{u} = 0.8u_{\max}$，因此需要确定与此相对应的湍流速度分布经验式中指数 n 的数值。

平均流速 $\bar{u}$ 与最大流速 $u_{\max}$ 的关系为

$$\bar{u} = \frac{\text{流量}}{\text{截面积}} = \frac{\text{圈流量积分}}{\text{截面积}} = \frac{\int_0^R u_r 2\pi r \mathrm{d}r}{A} = \frac{\int_0^R u_{\max}\left(1 - \frac{r}{R}\right)^n 2\pi r \mathrm{d}r}{\pi R^2}$$

令 $r/R = \gamma$，得

$$\bar{u} = \frac{u_{\max}\int_0^1 (1-\gamma)^n 2\pi\gamma \mathrm{d}\gamma}{\pi}$$

即

$$\frac{\bar{u}}{u_{\max}} = \int_0^1 (1-\gamma)^n 2\gamma \mathrm{d}\gamma \xlongequal{n=?} 0.8$$

由高等数学知识可知，这个式子的积分就是求函数 $f(\gamma) = 2\gamma(1-\gamma)^n$ 在 γ 宽度范围为 0～1 的面积，编程计算的主要任务就是将这个面积分成多个矩形，然后相加。

求解湍流速度分布式中指数 n 数值的 Visual Basic 程序为

```
Private Sub form_Click()
Dim x As Double,y As Double,s As Double  该行主要是为了提高计算精度,不要也行
For x=0 To 1 Step 0.00001  在0～1分成1/0.00001=10万个0.00001的宽度
y=2*x*(1-x)^0.166667  计算矩形的高度
s=s+y*0.00001  计算每个矩形的面积并加和
Next  循环计算返回
Print "定积分为:";s  输出结果
End Sub
```

计算结果：$n = 1/6 = 0.166\,67$，$s = 0.791\,21$。以 $n = 1/7 = 0.142\,86$ 代入，$s = 0.812\,27$。因此，当 $1/7 < n < 1/6$ 时满足

$$s = \int_0^1 (1-r)^n 2r \mathrm{d}r = 0.8$$

【例 2-3】 用编程和 Excel 两种试差法计算湍流摩擦系数。

由实验得到湍流时摩擦系数 λ 的计算式为

$$\frac{1}{\sqrt{\lambda}} = 1.74 - 2\lg\left(\frac{2\varepsilon}{d} + \frac{18.7}{Re\sqrt{\lambda}}\right)$$

当 $Re = 20\,000$、$\varepsilon/d = 0.01$ 时，求 λ 的数值。

说明 湍流时摩擦系数计算式没有解析解，只能用试差法求解，若用常规方法试差，工作量大，而用计算机试差则很容易得到计算结果。本题采用编程及 Excel 两种试差法计算湍流摩擦系数。若没学过计算机编程，可采用后一种方法。试差计算的原理与试穿衣服类似，即将尺寸为 1～10 号的衣服依次试穿，然后记住几号衣服最合适。由摩擦系数与雷诺数及相对粗糙度的关系图可知，摩擦系数的数值在 0.008～0.080，因此可在此数值区间进行试差。

解 1）Visual Basic 程序试差计算湍流摩擦系数 λ

```
Private Sub form_Click()
Let d=10000  设摩擦系数方程等号左右两边差值的初值
For λ=0.008 to 0.08 step 0.001  给定 λ 搜索范围及变化步长
a=1/λ^0.5  计算方程等号左边值
b=1.74-2*log(2*0.01+18.7/20000/λ^0.5)/log(10)  计算方程等号右边值
c=abs（a-b）  c=方程等号左右两边差值的绝对值
If c<d then  如果 c 比 d 更小
d=c  记下方程等号左右两边差值最小差绝对值
e=λ  记下对应最小差绝对值时的摩擦系数
End if  条件句结束
next  循环计算返回
Print  "方程两边最小差为："d；"摩擦系数为："e  打印方程两边最小差及对应的 λ
End sub
```

运行结果为：方程等号两边差值最小为 $9.219\,067\,187\,160\,59\times10^{-5}$；摩擦系数为 $4.070\,000\,000\,000\,19\times10^{-2}$。

2）Excel 试差计算湍流摩擦系数 λ

用 Excel 求 λ 较为简单。例如，λ 数值在 0.01～0.08，设定步长为 0.01，输入 8 组 λ 数据，分别用湍流摩擦系数方程等号左边式子及右边式子进行计算，当某个 λ 值使式子左右两边差值最小，再在此 λ 值的附近范围缩小步长为 0.001，再进行相似的计算。类似计算可递进进行，随着 λ 值的范围及步长变小，求出 λ 值的精度会越来越高。

如表 2-4 所示，在 Excel 第 1 行输入名称。第 A 列输入摩擦系数 λ 值 0.01～0.08 范围内均匀间隔的 8 个数（输入两行，选取两行，在右下角往下拉即可），第 B 列第 2 行输入湍流摩擦系数方程等号左边的计算式：$= 1/A2^0.5$；第 C 列第 2 行输入湍流摩擦系数方程等号右边的计算式：$= 1.74-2*log(2*0.01 + 18.7/20\,000/A2^0.5)$；

第 D 列第 2 行输入计算第 B 列与第 C 列第 2 行之差的式子：= B2−C2。然后选取 B、C、D 第 2 行区域，在区域的右下角往下拉即可得到表 2-4 的数据。

表 2-4　在 λ 值步长为 0.01、范围为 0.01～0.08 的区域试差求 λ 的近似值

行序	A	B	C	D
1	λ 值	方程等号左边值	方程等号右边值	方程等号左右两边差值
2	0.01	10.000 00	4.804 78	5.195 22
3	0.02	7.071 07	4.889 86	2.181 20
4	0.03	5.773 50	4.930 39	0.843 11
5	**0.04**	5.000 00	4.955 49	**0.044 51**
6	**0.05**	4.472 14	4.973 04	**−0.500 90**
7	0.06	4.082 48	4.986 22	−0.903 74
8	0.07	3.779 64	4.996 61	−1.216 96
9	0.08	3.535 53	5.005 07	−1.469 54

由表 2-4 可知，λ 为 0.04～0.05 时，方程等号左右两边差值由正变负，说明 λ 值的精确解在两者之间，因此可采用类似于表 2-4 的方法，在此区间缩小步长为 0.001，继续求 λ 值的精确解，由此得表 2-5。

表 2-5　在 λ 值步长为 0.001、范围为 0.04～0.05 的区域试差求 λ 的近似值

λ 值	方程等号左边值	方程等号右边值	方程等号左右两边差值
0.040	5.000 00	4.955 49	**0.044 51**
0.041	4.938 65	4.957 51	**−0.018 86**
0.042	4.879 50	4.959 46	−0.079 96
0.043	4.822 43	4.961 35	−0.138 92
0.044	4.767 31	4.963 18	−0.195 87
0.045	4.714 05	4.964 95	−0.250 90
0.046	4.662 52	4.966 66	−0.304 14
0.047	4.612 66	4.968 33	−0.355 67
0.048	4.564 35	4.969 94	−0.405 59
0.049	4.517 54	4.971 51	−0.453 97
0.050	4.472 14	4.973 04	−0.500 90

由表 2-5 可知，λ 为 0.040～0.041 时，方程等号左右两边差值由正变负，因此可在此区间继续缩小步长为 0.0001，求 λ 值的精确解，由此得表 2-6。

表 2-6　在 λ 值步长为 0.0001、范围为 0.040~0.041 的区域试差求 λ 的近似值

λ 值	方程等号左边值	方程等号右边值	方程等号左右两边差值
0.0400	5.000 00	4.955 49	0.044 51
0.0401	4.993 76	4.955 69	0.038 07
0.0402	4.987 55	4.955 90	0.031 65
0.0403	4.981 35	4.956 10	0.025 26
0.0404	4.975 19	4.956 30	0.018 88
0.0405	4.969 04	4.956 51	0.012 53
0.0406	4.962 92	4.956 71	**0.006 21**
0.0407	4.956 82	4.956 91	**−9.2E−0.5**
0.0408	4.950 74	4.957 11	−0.006 37
0.0409	4.944 68	4.957 31	−0.012 63
0.0410	4.938 65	4.957 51	−0.018 86

　　由表 2-6 可知，λ 为 0.0406~0.0407 时，方程等号左右两边差值由正变负，因此可在此区间继续缩小步长为 0.000 01，求 λ 值的精确解，由此得表 2-7。

表 2-7　在 λ 值步长为 0.000 01、范围为 0.0406~0.0407 的区域试差求 λ 的近似值

λ 值	方程等号左边值	方程等号右边值	方程等号左右两边差值
0.040 60	4.962 92	4.956 71	0.006 21
0.040 61	4.962 31	4.956 73	0.005 58
0.040 62	4.961 69	4.956 75	0.004 95
0.040 63	4.961 08	4.956 77	0.004 32
0.040 64	4.960 47	4.956 79	0.003 69
0.040 65	4.959 86	4.956 81	0.003 06
0.040 66	4.959 25	4.956 83	0.002 43
0.040 67	4.958 64	4.956 85	0.001 80
0.040 68	4.958 03	4.956 87	0.001 17
0.040 69	4.957 43	4.956 89	**0.000 54**
0.040 70	4.956 82	4.956 91	**−9.2E−0.5**

　　由表 2-7 可知，在 λ 为 0.040 69~0.040 70 时，方程等号左右两边差值由正变负，而 0.040 70 使方程等号左右两边差值最小，差值为 0.000 09。因此 λ 精确到 0.000 01 的数值为 0.040 70。如果 λ 要精确到 0.000 001，还可以在 0.040 69~0.040 70，缩小步长为 0.000 001，再进行试差计算，求出更精确的 λ 值。

　　说明　本例题方法可用于求复杂方程中无解析解的未知数。

【例 2-4】编程计算流体流速。

说明　在计算实际流体输送的相关参数时，如果速度未知，则阻力损失未知，在计算过程中会出现两个未知参数，因此需要先假设速度，若流体流动状态已确定为层流或充分湍流，摩擦系数可以表示为速度的关系式，不需要试差可直接计算流体流速。如果流体流动状态未知，则需要加入摩擦系数试差计算步骤，然后再计算阻力损失，最后根据阻力损失计算速度，并与假设速度比较，若假设速度与计算速度差别较大，则需要重新假设速度进行计算，直到速度假设值与最终计算值接近才算完成。试差计算的工作量大，若用计算机编程计算或用 Excel 计算，则计算工作量大大减少。

试差编程计算是在可能的速度范围内，考察哪个速度能使方程左右两边值最为接近，该速度即为所求的速度。

解　计算水流速的 Visual Basic 程序为

```
Private Sub Form_click()
f=1000  设伯努利方程等号左右两边差值的初值
For u=0.5 To 5 Step 0.00001  对通常输水流速范围(1~3m/s)适当扩大
Re=ρ*d*u/μ  ρ、d、μ 均要输入数值
```

（若流体流动状态为湍流，需要加入例 2-3 去除第一行和最后两行的湍流摩擦系数试差计算程序，计算出一个 *Re* 值（或速度值）对应的摩擦系数，该程序中的 *Re* 值 20 000 用 *Re* 代替，并输入相对粗糙度的数值）

```
g=(输入伯努利方程等号的左边式)  计算伯努利方程等号左边的值
b=(输入伯努利方程等号的右边式)  计算伯努利方程等号右边的值，λ 值取例 2-3 的 e 值
i=Abs(g-b)  计算方程等号左右两边差值的绝对值
If i<f Then  如果方程等号左右两边差值的绝对值更小
f=i  记下方程等号左右两边差值的最小绝对值
j=u  记下对应最小绝对值时的速度
End if  条件句结束
Next u  循环返回
Print"速度";j,"方程两边差";f  打印最小差值时的速度、方程两边的差
End Sub
```

说明　求未知流体流速也可以用 Excel 试差计算。第 A 列是速度的范围值，速度的范围与步长要大，先求出速度的粗略值。第 B 列是各速度值代入伯努利方程等号左边式子计算得到的数值，第 C 列是各速度值代入伯努利方程等号右边式子计算得到的数值。第 C 列计算要用到摩擦系数的数值，某个速度值或雷诺数值下摩擦系数的数值可用例 2-3 的 Excel 试差法进行计算。第 D 列计算伯努利方程等号左右两边的差值。能使方程等号左右两边差值最为接近的速度则为所求的速度。若要得到更准确的速度值，可在第一次能使方程等号左右两边差值最小的速度附近，设置更小的步长来进行第二次试差，可以在步长不断缩小的情况下类似地进行多次试差，使得到的速度更为精确。

传热过程，如已知换热器面积 A 及总传热系数 K、热冷流体比热容 c_{p1} 和 c_{p2}、流体流向、冷流体的进口温度 t_1、热流体的进口温度 T_1、热流体的流量 W_h 及出口温度 T_2，求冷流体的流量 W_c 及出口温度 t_2。

其逆流换热的计算式为

$$放热 = 吸热 = 传热$$

$$W_h c_{p1}(T_1 - T_2) = W_c c_{p2}(t_2 - t_1) = KA \frac{(T_1 - t_2) - (T_2 - t_1)}{\ln \dfrac{T_1 - t_2}{T_2 - t_1}}$$

求解 t_2 的式子为

$$W_h c_{p1}(T_1 - T_2) = KA \frac{(T_1 - t_2) - (T_2 - t_1)}{\ln \dfrac{T_1 - t_2}{T_2 - t_1}}$$

这个方程未知数 t_2 没有解析解，可用类似于例 2-4 编程试差或 Excel 试差求解。

对吸收剂用量 L 未知的操作型计算，求吸收剂用量 L 的计算式为

$$H = H_{OG} N_{OG} = \frac{G}{K_y a} \frac{1}{1 - \dfrac{mG}{L}} \ln \left[\left(1 - \frac{mG}{L}\right) \frac{y_1 - mx_2}{y_2 - mx_2} + \frac{mG}{L} \right]$$

式中，未知数 L 没有解析解，同样可以用类似于例 2-4 的试差法来求解。

2.2　过滤能力的计算机辅助计算

【例 2-5】用 Excel 计算及作图法分析真空回转过滤机生产能力与影响因素的关系。

说明　综合讨论各相关因素对真空回转过滤机生产能力的影响，可全面了解提高真空回转过滤机生产能力的手段。

解　真空回转过滤机生产能力 Q（单位时间的滤液量）计算式为

$$Q = n \left(\sqrt{V_e^2 + \frac{\varphi}{n} KA^2} - V_e \right)$$

式中，n 为转鼓转速；V_e 为滤布阻力当量滤液量；φ 为转鼓浸入面积占全部转鼓面积的比例；K 为过滤常数；A 为转鼓过滤面积。由此式可知，转鼓转速 n 增大，生产能力 Q 增大。真空回转过滤机的过滤面积及推动力没有增加，为什么转鼓转速越大生产能力会越大？其原因是转鼓转速越大，转鼓每转一圈形成的滤饼越薄、滤饼阻力越低，所以生产能力越大。如果真空回转过滤机转鼓转速无限增大，其生产能力是否会无限增大？下面检验生产能力是否有极值。

将 $Q = n\left(\sqrt{V_e^2 + \dfrac{\varphi}{n}KA^2} - V_e\right)$ 整理得

$$Q = (n^2 V_e^2 + n\varphi KA^2)^{\frac{1}{2}} - nV_e$$

求导得

$$Q' = \frac{1}{2}\frac{2nV_e^2 + \varphi KA^2}{\sqrt{n^2 V_e^2 + n\varphi KA^2}} - V_e \overset{\Diamond}{=\!=} 0$$

移项，去分母得

$$2nV_e^2 + \varphi KA^2 = 2V_e\sqrt{n^2 V_e^2 + n\varphi KA^2}$$

两边平方得

$$4n^2 V_e^4 + \varphi^2 K^2 A^4 + 4nV_e^2\varphi KA^2 = 4V_e^2(n^2 V_e^2 + n\varphi KA^2)$$

去括号得

$$4n^2 V_e^4 + \varphi^2 K^2 A^4 + 4nV_e^2\varphi KA^2 = 4n^2 V_e^4 + 4V_e^2 n\varphi KA^2$$

合并同类项得

$$\varphi^2 K^2 A^4 = 0$$

只有当 φ、K、A 三参数中有一个参数的值为 0 时，Q 才有极值。但这三个参数的值都不能为 0，因此 Q 没有极值。下面用 Excel 计算 n 极大时，Q 趋于的极值。

条件 1：$V_e = 1m^3$、$\varphi = 0.5$、$K = 1m^2/s$、$A = 1m^2$ 时

$$Q = \sqrt{n^2 + 0.5n} - n$$

随着转速 n 的增大，生产能力 Q 的变化如表 2-8 和图 2-1 所示。

表 2-8　真空回转过滤机转速 n 对生产能力 Q 的影响

n/(r/min)	V_e/m³	φ	K/(m²/s)	A/m²	Q/(m³/min)
1	1	0.5	1	1	0.224 745
2	1	0.5	1	1	0.236 068
3	1	0.5	1	1	0.240 370
4	1	0.5	1	1	0.242 641
6	1	0.5	1	1	0.244 998
10	1	0.5	1	1	0.246 951
14	1	0.5	1	1	0.247 807
18	1	0.5	1	1	0.248 288
22	1	0.5	1	1	0.248 595
26	1	0.5	1	1	0.248 809
30	1	0.5	1	1	0.248 967
34	1	0.5	1	1	0.249 088
37	1	0.5	1	1	0.249 161
41	1	0.5	1	1	0.249 242
10 000	1	0.5	1	1	0.249 997
1×10^9	1	0.5	1	1	0.25

注：最后一行 Q 的数值只是约等于 0.25，其实 Q 的数值总小于 0.25。

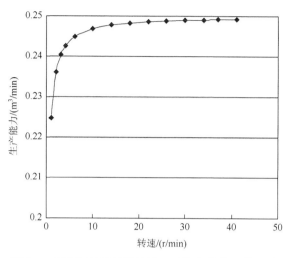

图 2-1　真空回转过滤机转速 n 对生产能力 Q 的影响

下面证明 Q 的数值总小于 0.25。假设 $Q = \sqrt{n^2 + 0.5n} - n < 0.25$ 成立，则

$$\sqrt{n^2 + 0.5n} < n + 0.25$$

两边平方得　　　　　　　　$n^2 + 0.5n < n^2 + 0.5n + (0.25)^2$

整理得　　　　　　　　　　　　$0 < (0.25)^2$

由此可知，原假设成立，即

$$Q = \sqrt{n^2 + 0.5n} - n < 0.25$$

为什么真空回转过滤机的转鼓转速无限增大时，生产能力不是无限增加，而是不会超过某个数值？这是因为当转鼓转速趋于无穷大时，滤饼的阻力趋于 0，但滤布仍有阻力，在过滤压强差一定的情况下，生产能力不会趋于无穷大。在理论计算忽略滤布过滤阻力时，当转鼓转速趋于无穷大，生产能力也趋于无穷大。

条件 2：$V_e = 1m^3$、$\varphi = 0.25$、$K = 1m^2/s$、$A = 1m^2$。与"条件 1"比较，转鼓浸入面积占全部转鼓面积的比例减半。由表 2-9 可知，在转速 $n(n = 100\ 000r/min)$ 极大时，生产能力 Q 减少一半。

表 2-9　条件 2 下真空回转过滤机的生产能力

$n/(r/min)$	V_e/m^3	φ	$K/(m^2/s)$	A/m^2	$Q/(m^3/min)$
1	1	0.25	1	1	0.118 0
100 000	1	0.25	1	1	0.125

条件 3：$V_e = 2m^3$、$\varphi = 0.5$、$K = 1m^2/s$、$A = 1m^2$。与"条件 1"比较，滤布阻力当量滤液量增大一倍。由表 2-10 可知，在转速 $n(n = 10\ 000r/min)$ 极大时，生产能力 Q 减少一半。

表 2-10　在条件 3 下真空回转过滤机的生产能力

$n/(r/min)$	V_e/m^3	φ	$K/(m^2/s)$	A/m^2	$Q/(m^3/min)$
1	2	0.5	1	1	0.121 3
10 000	2	0.5	1	1	0.125

条件 4：$V_e = 1m^3$、$\varphi = 0.5$、$K = 2m^2/s$、$A = 1m^2$。与"条件 1"比较，过滤常数 $K\left[K = \dfrac{2\Delta p}{r\phi'\mu}\right.$，其中 Δp 为压强差，r 为滤饼比阻$\left.\right]$增加一倍或滤饼比阻 r、悬浮液颗粒体积分数 ϕ'、黏度 μ 三项中的某一项减少一半。由表 2-11 可知，在转速 $n(n = 1\,000\,000r/min)$极大时，生产能力 Q 增加一倍。

表 2-11　在条件 4 下真空回转过滤机的生产能力

$n/(r/min)$	V_e/m^3	φ	$K/(m^2/s)$	A/m^2	$Q/(m^3/min)$
1	1	0.5	2	1	0.414 2
1 000 000	1	0.5	2	1	0.5

条件 5：与"条件 1"比较，如滤布面积增大一倍，相应地滤布阻力当量滤液量增加一倍，即 $V_e = 2m^3$、$\varphi = 0.5$、$K = 1m^2/s$、$A = 2m^2$。由表 2-12 可知，在转速 $n(n = 100\,000r/min)$极大时，生产能力 Q 增加一倍。

表 2-12　在条件 5 下真空回转过滤机的生产能力

$n/(r/min)$	V_e/m^3	φ	$K/(m^2/s)$	A/m^2	$Q/(m^3/min)$
1	2	0.5	1	2	0.472 1
100 000	2	0.5	1	2	0.5

2.3　精馏参数的计算机辅助计算

2.3.1　编程逐板计算精馏塔理论板数

精馏问题是运用操作方程与平衡方程进行重复计算，宜于利用计算机编程来完成，可大大减少工作量，同时可避免计算过程中出现错误。

【例 2-6】用常压连续精馏塔分离 A、B 组分的混合液，其中轻组分 A 的组成为 0.5（摩尔分率，下同），泡点液相进料，要求塔釜液相轻组分组成小于 0.1，塔顶馏出液轻组分组成为 0.9，A、B 组分的相对挥发度为 2.47，操作回流比为 2，求分离所需理论板数及加料板位置。

解　由题目已知条件得到精馏段操作方程为 $y = 0.6667x + 0.3$。以 $x_F = 0.5$、$x_D = 0.9$、$x_W = 0.1$，设 $F = 1$ 代入下面两个衡算式

全塔物料衡算　　　　　　　　　　　　$F = D + W$

全塔轻组分衡算　　　　　　　　　　$Fx_F = Dx_D + Wx_W$

解得　　　　　　　　　　　　　　　$D = 0.5, W = 0.5$

则　　　　　　　　　　　$L' = L + qF = RD + F = 2 \times 0.5 + 1 = 2$

将参数值代入提馏段操作方程得 $y' = 1.333\,3x' - 0.033\,3$。

逐板计算精馏塔理论板数的程序如下：

```
Private Sub Form_click()
xw=0.1  釜液组成
xq=0.5  三条操作线交点横坐标
α=2.47  相对挥发度
y=0.9  塔顶馏出液组成
Do  精馏段循环计算开始
x=y/(α-(α-1)*y)  用气液平衡方程计算板上与气相平衡的液相组成
I=I+1  统计板数
Print I, y, x  打印板层数、板上气液组成
If x<=xq Then Exit Do  液相组成小于或等于 xq 时进入提馏段
y=0.6667*x+0.3  用精馏段操作方程由液相组成计算板间气相组成
Loop  精馏段循环计算返回
Print"加料处"; I  打印加料板位置
Do  提馏段循环计算开始
y=1.3333*x-0.0333  用提馏段操作方程由液相组成计算板间气相组成
x=y/(α-(α-1)*y)  用气液平衡方程计算板上与气相平衡的液相组成
I=I+1  统计板数
Print I,y,x  打印板层数、板上气液组成
If x<=xW Then Exit Do  液相组成小于或等于 xW,不再计算
Loop  提馏段循环计算返回
End Sub
```

运行结果见表 2-13。

表 2-13　逐板求理论板数得到的加料位置、总板层数及各块板的气液组成

板序号	板上气相组成	板上液相组成
1	.9	.784 655 623 365 301
2	.823 129 904 097 646	.653 278 198 894 299
3	.735 540 575 202 829	.529 640 136 288 192
4	.653 111 078 863 337	.432 544 886 302 788

板序号	板上气相组成	板上液相组成
加料处 4		
5	.543 412 096 907 507	.325 165 886 083 747
6	.400 243 675 915 46	.212 709 813 674 583
7	.250 305 994 572 321	.119 077 078 180 047
8	.125 465 468 337 457	5.489 470 941 877 56E-02

由程序运算结果可知，分离所需理论板数为 8 块，加料板为第 4 块。

2.3.2　利用 Excel 对比间接蒸汽加热精馏与直接蒸汽加热精馏

间接蒸汽加热的缺点是需要换热器，热流体与冷流体之间由金属壁面隔开，存在传热热阻，冷、热流体平均温度差通常不能小于 10℃，因此热流体在出口处至少要比冷流体高出几摄氏度，这部分热流体的热量因没有被冷流体吸收而造成损失。间接蒸汽加热的优点是冷热流体没有直接接触混合，因此料液不会被蒸汽冷凝水稀释，塔顶馏出物轻组分的浓度较高。直接蒸汽加热的优点是冷热流体直接接触，没有传热热阻，最终冷热流体的温度相同，热流体热量的利用率高。其缺点是冷热流体直接混合，料液被蒸汽冷凝水稀释，塔顶馏出液轻组分的含量降低。在实际生产中由于物料及操作条件不同，究竟采用哪种加热方法，需要计算比较后才能做出决定。在此对两种不同加热方式的精馏进行计算比较。

【例 2-7】间接蒸汽加热精馏：气液平衡方程为 $y = 2.47x/(1 + 1.47x)$, $F = 1\text{mol/s}$、$x_F = 0.25$, $q = 1$、$D = 0.1844\text{mol/s}$，塔顶采用全凝器，$R = 5$，理论板数 10 块（包括塔釜），加料板设在最佳位置处；直接蒸汽加热精馏：已知条件与间接蒸汽加热精馏相同，且 D 不变，加料板位置可与间接蒸汽加热精馏相同或是在最佳位置处。求以上三种情况下的 x_D 及 x_W。

解　1）计算间接蒸汽加热精馏各板气液组成

$$W = F - D = 1 - 0.1844 = 0.8156(\text{mol/s})$$

假设 $x_W = 0.084\,88$（说明：经过多次试算后才知此假设值与最终计算值接近），则

$x_D = (Fx_F - Wx_W)/D = (1 \times 0.25 - 0.8156 \times 0.084\,88)/0.1844 = 0.980\,32$

精馏段操作方程为 $y = Rx/(R + 1) + x_D/(R + 1) = 0.8333x + 0.1634$

提馏段操作方程为 $y' = L'x'/(L'-W) - Wx_W/(L'-W)$

$$= (RD + F)x'/(RD + F - W) - Wx_W/(RD + F - W)$$

$$= 1.7372x' - 0.062\,57$$

在 Excel 表格中采用逐板计算法，重复用气液平衡方程与操作方程计算各板气液组成，结果见表2-14中的第 2 列。计算到 $x_8 = 0.204\,29$，小于进料组成 $x_F = 0.25$，因此进料板设在第 8 块为最佳进料位置。最终计算出的 x_{10}（即 x_W）为 0.084 86，与假设值 0.084 88 相近，因此不用重算。

表 2-14　间接蒸汽加热、直接蒸汽加热（加料板位置与间接蒸汽加热精馏相同）、直接蒸汽加热（加料板在最佳位置）三种精馏各板气液组成比较

各板气液组成	间接蒸汽加热精馏	直接蒸汽加热精馏（加料板位置与间接蒸汽加热精馏相同）	直接蒸汽加热精馏（加料板在最佳位置）
y_1	**0.980 32**	**0.949 98**	**0.965 68**
x_1	0.952 77	0.884 92	0.919 30
y_2	0.957 32	0.895 73	0.927 00
x_2	0.900 82	0.776 68	0.837 16
y_3	0.914 04	0.805 54	0.858 55
x_3	0.811 51	0.626 46	0.710 76
y_4	0.839 62	0.680 36	0.753 22
x_4	0.679 43	0.462 87	0.552 72
y_5	0.729 56	0.544 04	0.621 53
x_5	0.522 02	0.325 72	0.399 35
y_6	0.598 39	0.429 76	0.493 72
x_6	0.376 26	**0.233 78**	0.283 06
y_7	0.476 92	0.353 14	0.396 82
x_7	0.269 61	0.181 02	0.210 33（加料板）
y_8	0.388 06	0.309 17	0.300 36
x_8	0.204 29（加料板）	0.153 40（加料板）	0.148 07
y_9	0.292 33	0.198 85	0.192 22
x_9	0.143 28	0.091 31	0.087 87
y_{10}	0.186 35	0.090 99	0.087 64
x_{10}	**0.084 86**	**0.038 95**	**0.037 43**

轻组分衡算检验：进塔轻组分数量 $Fx_F = 1 \times 0.25 = 0.25$

出塔轻组分数量 $Wx_W + Dx_D = 0.8156 \times 0.084\,88 + 0.1844 \times 0.9803 = 0.249\,995$

如果轻组分进出塔的数量不相等，则说明计算出现错误。

2）计算直接蒸汽加热精馏各板气液组成（加料板位置与间接蒸汽加热精馏相同）

假设，$x_W = 0.038\,93$（说明：经过多次试算后才知此假设值与最终计算值接近）

$$V' = V = (R+1)D = 6 \times 0.1844 = 1.1064(\text{mol/s})$$

全塔物料衡算方程为　　　　　　　　　$F + S = D + W$

将 $F = 1$，$S = V' = V = (R + 1)D$ 代入全塔物料衡算方程，得

$$W = F + RD = 1 + 5 \times 0.1844 = 1.922(\text{mol/s})$$

直接蒸汽加热精馏的提馏段操作方程为

$$y' = Wx'/V' - Wx_W/V' = 1.922x'/1.1064 - 1.922 \times 0.038\ 93/1.1064$$
$$= 1.737\ 17x' - 0.06763$$
$$x_D = (Fx_F - Wx_W)/D = [x_F - (1 + RD)x_W]/D$$
$$= [0.25 - (1 + 5 \times 0.1844) \times 0.038\ 93]/0.1844 = 0.949\ 98$$

直接蒸汽加热精馏的精馏段操作方程为

$$y = Rx/(R + 1) + x_D/(R + 1) = 5x/(5 + 1) + 0.949\ 98/(5 + 1)$$
$$= 0.833\ 33x + 0.158\ 33$$

　　在 Excel 表格中采用逐板计算法，重复用气液平衡方程与操作方程计算出各板的气液组成，结果见表 2-14 的第 3 列。由表 2-14 可知，最终计算出的 x_{10}（即 x_W）为 0.038 95，与假设的 $x_W = 0.038\ 93$ 相近，因此不用重新计算。

　　轻组分衡算检验：进塔轻组分数量 $Fx_F = 1 \times 0.25 = 0.25$

出塔轻组分数量 $Wx_W + Dx_D = 1.922 \times 0.038\ 95 + 0.1844 \times 0.949\ 98 = 0.250\ 04$

　　3）计算直接蒸汽加热精馏各板气液组成（加料板在最佳位置）

　　说明　上面直接蒸汽加热精馏计算出第 6 块板下降液相的组成为 0.233 78，小于进料组成 $x_F = 0.25$，当将由第 8 块板进料改为第 6 块板进料时，第 6 块板的液相组成 x_6 仍大于进料组成 $x_F = 0.25$，因此再将进料板调为第 7 块。

　　假设，$x_W = 0.037\ 424$（说明：经过多次尝试计算后才知此假设值与最终计算值接近）

$$x_D = (Fx_F - Wx_W)/D = [x_F - (1 + RD)x_W]/D$$
$$= [0.25 - (1 + 5 \times 0.1844) \times 0.037\ 424]/0.1844 = 0.965\ 68$$
$$W = 1 + RD = 1 + 5 \times 0.1844 = 1.922(\text{mol/s})$$
$$V' = V = (R + 1)D = 6 \times 0.1844 = 1.1064(\text{mol/s})$$

提馏段操作方程

$y' = Wx'/V' - Wx_W/V' = 1.922x'/1.1064 - 1.922 \times 0.037\ 424/1.1064 = 1.737\ 17x' - 0.065\ 01$

精馏段操作方程

$y = Rx/(R + 1) + x_D/(R + 1) = 5x/(5 + 1) + 0.965\ 68/(5 + 1) = 0.833\ 33x + 0.160\ 95$

　　经逐板计算，重复采用气液平衡方程与操作方程计算出各板的气液组成，结果见表 2-14 的第 4 列。由表 2-14 可知，最终计算出的 x_{10}（即 x_W）为 0.037 43，与假设值 0.037 424 相近，因此不用重新计算。同时第 6 块板的液相组成

$x_6 = 0.283\,06$，大于进料组成 $x_F = 0.25$，第 7 块板的液相组成 $x_7 = 0.210\,33$，小于进料组成 $x_F = 0.25$，因此进料板设在第 7 块为最佳进料位置。

　　轻组分衡算检验：进塔轻组分数量 $Fx_F = 1 \times 0.25 = 0.25$

出塔轻组分数量 $Wx_W + Dx_D = 1.922 \times 0.037\,43 + 0.1844 \times 0.965\,68 = 0.250\,01$

　　由表 2-14 数据可作不同加热方式精馏操作梯级气液组成图，如图 2-2～图 2-12 所示。表 2-14 数据表明，间接蒸汽加热精馏 $x_D = 0.980\,32 >$ 直接蒸汽加热精馏（加料板在最佳位置）$x_D = 0.965\,68 >$ 直接蒸汽加热精馏（加料板位置与间接蒸汽加热精馏相同）$x_D = 0.949\,98$。间接蒸汽加热精馏 $x_W = 0.084\,86 >$ 直接蒸汽加热精馏（加料板位置与间接蒸汽加热精馏相同）$x_W = 0.038\,95 >$ 直接蒸汽加热精馏（加料板在最佳位置）$x_W = 0.037\,43$，由图 2-2 和图 2-8 可知，在精馏段，间接蒸汽加热精馏的精馏线比直接蒸汽加热精馏（加料板位置与间接蒸汽加热精馏相同或在最佳位置）的精馏线稍近。因此，间接蒸汽加热精馏在精馏段的传质推动力稍小于两种直接蒸汽加热精馏的传质推动力。由图 2-5 可知，间接蒸汽加热精馏的提馏线比直接蒸汽加热精馏（加料板位置与间接蒸汽加热精馏相同）的提馏线离平衡线稍远。由图 2-11 可知，间接蒸汽加热精馏的提馏线比直接蒸汽加热精馏（加料板在最佳位置）的提馏线离平衡线稍近。因此，在提馏段内间接蒸汽加热精馏比直接蒸汽加热精馏（加料板位置与间接蒸汽加热精馏相同）的传质推动力稍大，比直接蒸汽加热精馏（加料板在最佳位置）的传质推动力稍小。三种方式精馏在精馏段与提馏段的传质推动力差别都不大。造成直接蒸汽加热精馏塔顶、塔底的轻

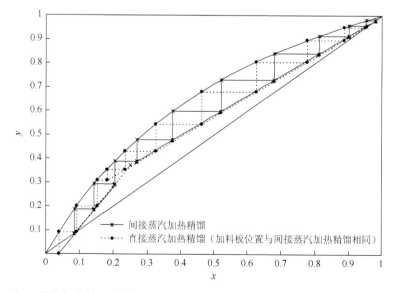

图 2-2　间接蒸汽加热精馏与直接蒸汽加热精馏（加料板位置与间接蒸汽加热精馏相同）塔板气液组成梯级比较图

组分浓度都低于间接蒸汽加热精馏塔顶、塔底的轻组分浓度的主要原因是：直接蒸汽加热中冷凝水的稀释作用使塔底轻组分浓度降低，从而导致整个塔内气液相及塔顶产物的轻组分浓度降低。两种直接蒸汽加热精馏塔顶、塔底的轻组分浓度不同的原因是，加料板设在最佳位置的分离程度更大，因此塔顶的轻组分浓度更高，而塔底的轻组分浓度更低。

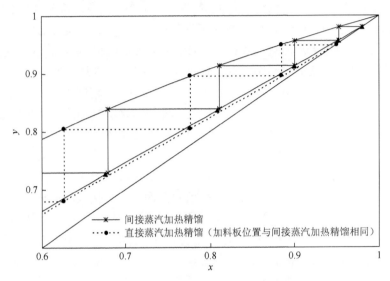

图 2-3　图 2-2 中塔顶附近塔板气液组成梯级图

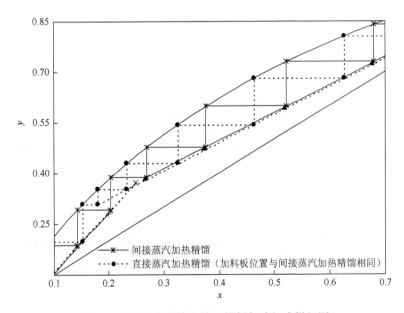

图 2-4　图 2-2 中塔中部附近塔板气液组成梯级图

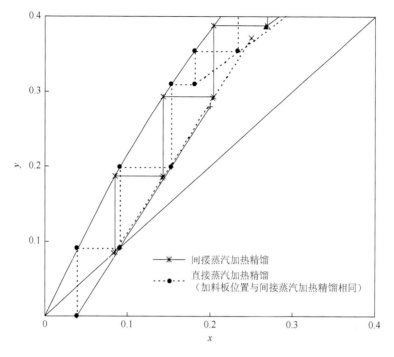

图 2-5　图 2-2 中塔底附近塔板气液组成梯级图

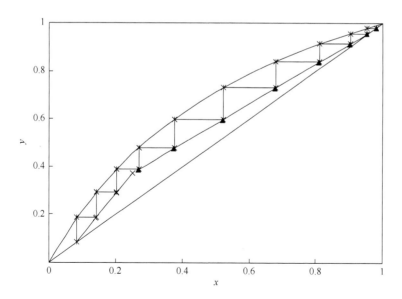

图 2-6　间接蒸汽加热精馏塔板气液组成梯级图

加料板在第 8 块

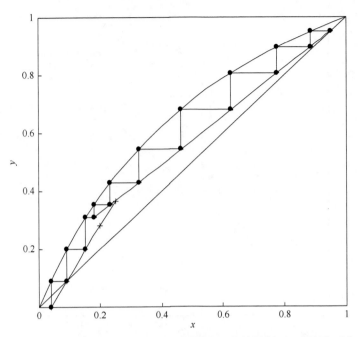

图 2-7　直接蒸汽加热精馏（加料板位置与间接蒸汽加热精馏相同）塔板气液组成梯级图

在第 8 块板进料，与间接蒸汽加热精馏相同，加料板不在最佳位置

由表 2-14 及图 2-7 可知，第 6 块板的液相组成 x_6 已小于两操作线交点横坐标 x_F，因此第 8 块板不是最佳进料位置。

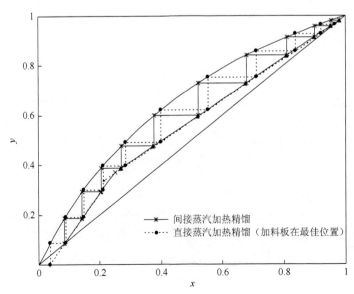

图 2-8　间接蒸汽加热精馏与直接蒸汽加热精馏（加料板在最佳位置）塔板气液组成梯级图

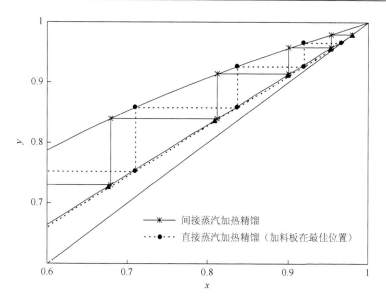

图 2-9　图 2-8 中塔顶附近塔板气液组成梯级图

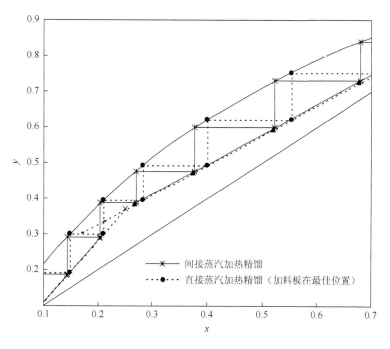

图 2-10　图 2-8 中塔中部附近塔板气液组成梯级图

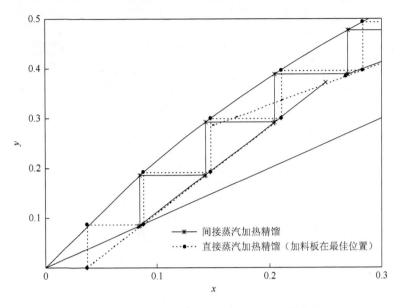

图 2-11　图 2-8 中塔底附近塔板气液组成梯级图

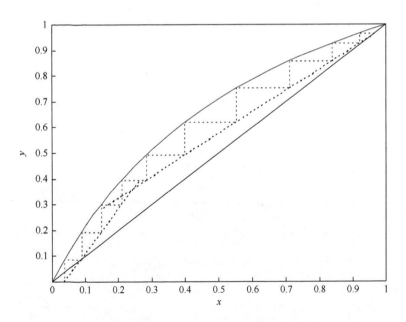

图 2-12　直接蒸汽加热精馏（加料板在最佳位置）塔板气液组成梯级图

第 3 章　部分化工单元操作的 Aspen 仿真模拟

3.1　Aspen 过程仿真模拟说明

3.1.1　动量传递模型

1. Pipe-管段模型

Pipe-管段模型用于计算等直径、等坡度的一段管道的流量、进出口压强、传热量，连接如图 3-1 所示。

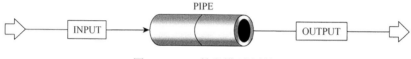

图 3-1　Pipe-管段模型连接图

Pipe-管段模型设定参数包括：
（1）管道参数：长度、直径、提升、粗糙度。
（2）热参数：恒温、线性温度剖型、绝热、热衡算。
（3）管件参数：连接方式（法兰、螺纹等）、管件（阀、弯头等）数量、当量长度。

2. Pipeline-管线模型

Pipeline-管线模型用于计算多段管道串成管线的压降，连接如图 3-2 所示。

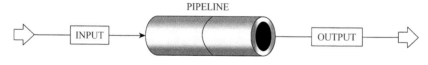

图 3-2　Pipeline-管线模型连接图

Pipeline-管线模型设定参数：管段方向或节点坐标、管段长度、直径、粗糙度、热参数、进口参数等。

3. Pump-泵模型

Pump-泵模型用于计算泵和水轮机进出口压强变化与特性曲线或所需功率的关系，连接如图 3-3 所示。

3.1.2　热量传递模型

1. Heater-加热器模型

Heater-加热器模型用于模拟加热器、冷却器、阀门（仅改变压强）、泵（不涉及功率结果）、压缩机（不涉及功率结果），确定物流的热状况、压强及相态，连接如图 3-4 所示。

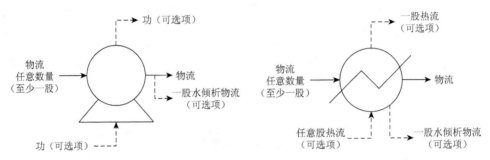

图 3-3　Pump-泵模型连接图　　　　图 3-4　Heater-加热器模型连接图

Heater-加热器模型设定参数：温度、压强、温度增量、蒸气比例、过热度、过冷度、热负荷、相态。

2. HeaterX-换热器模型

HeaterX-换热器模型用于模拟各类管壳式换热器，确定换热器换热面积、换热量、物流温度及相态，连接如图 3-5 所示。

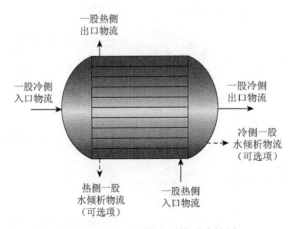

图 3-5　HeaterX-换热器模型连接图

HeaterX-换热器模型设定参数：简捷计算或详细计算、逆流或并流、对数平均温差校正、物流温度、物流蒸气比例、传热面积、热负荷、换热器结构参数、压强、传热系数。

3.1.3　质量传递模型

1. DSTWU-简捷精馏设计模型

DSTWU-简捷精馏设计模型用 Winn-Underwood-Gilliland 捷算法设计精馏塔，给定加料条件、分离要求，计算最小回流比、最小理论板数，确定回流比与板数、加料板位置的关系，连接如图 3-6 所示。

DSTWU-简捷精馏设计模型设定参数：冷凝器与再沸器的压强、冷凝器馏出物的相态、进料组成、塔板数、回流比、组分回收率。

DSTWU-简捷精馏设计模型模拟结果：①规定组分回收率，估算最小回流比、最小理论板数；②规定回流比，确定必需的理论板数；③规定理论板数，确定必需的回流比；④计算等板高度。

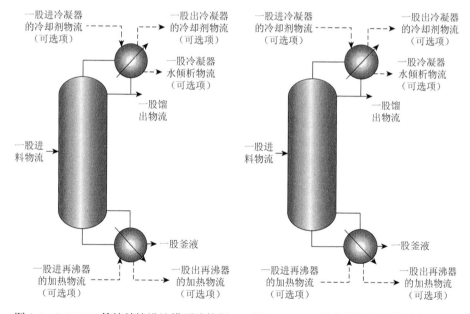

图 3-6　DSTWU-简捷精馏设计模型连接图　　　图 3-7　Distl-简捷精馏设计模型连接图

2. Distl-简捷精馏设计模型

Distl-简捷精馏设计模型用 Edmister 方法计算给定精馏塔的产品组成，连接如图 3-7 所示。

Distl-简捷精馏设计模型设定参数：进料流率及组成、理论板数、加料板位置、回流比、塔顶产品量与进料量之比、冷凝器类型。

Distl-简捷精馏设计模型模拟结果：塔顶及塔底排出物的流率及组成、冷凝器与再沸器的热负荷、加料板位置、塔顶及塔釜的温度。

3. RadFrac-严格分离模型

RadFrac-严格分离模型用于模拟普通精馏、共沸蒸馏、吸收、萃取等分离过程，连接如图 3-8 所示。

RadFrac-严格分离模型设定参数：塔板数、冷凝器物料相态或温度、再沸器类型及物流情况、有效相态、收敛方法、操作条件、塔板类型（或填料类型）、板间距、塔板效率、物料进出塔的塔板位置及流率、塔内压强分布情况。

RadFrac-严格分离模型模拟结果：塔顶及塔底物流流量、温度、热负荷，回流比，上升蒸气流率，各组分在出塔物流中的比例，各塔板上气液的温度、压强、热负荷、相平衡参数，各相态的物流流率、组成和物性，进出塔物流的流率、组成、温度、相态。

RadFrac-严格分离模型用于吸收计算的参数设置：

（1）在"Setup"的"Configuration"中的"Condense"及"Reboiler"选"None"。

（2）气相进料板设置为"N + 1"。

（3）在"Convergence"中"Basic"里的"algorithm"项选"Standard"，在"maximum iterations"处输入 200，在"Convergence"中"Advance"里的"Absorber"项设置为"yes"。

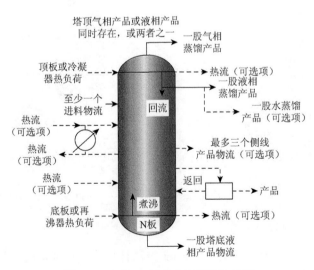

图 3-8　RadFrac-严格分离模型连接图

说明：读者在做习题时，可以同步用 Aspen 进行仿真模拟，比较习题与仿真模拟过程两者的结果，将理论知识与实际情况相结合。

3.2　部分单元操作仿真模拟举例 [1]

3.2.1　动量传递模型举例

1. Pipe-管段模型举例

流量为 6000kg/h、压强为 5bar(1bar = 10^5Pa)的饱和水蒸气在 ϕ108mm×4mm、长 30m 的管道流动。管道出口比进口高 7m，粗糙度为 0.04mm。管道采用法兰连接，并有闸阀 2 个，碟阀 1 个，90 度弯头 3 个，管道传热系数为 25W/(m^2·K)，环境温度为 30℃。求管道出口水蒸气的压强、温度，水气比，管道的热损失（图 3-9）。Aspen 仿真模拟需要给出的条件见表 3-1。

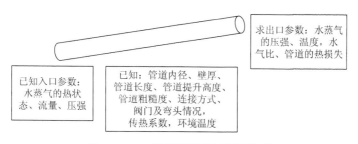

图 3-9　Pipe-管段模型举例题目说明

表 3-1　Pipe-管段模型举例 Aspen 仿真模拟需要给出的条件

流程图	组分	物性	进料	管道情况	热参数	管件
选择设备连接物料	输入物料名称	选择 NRTL	压强、物料温度或蒸汽状态、流量	管道长度、管道内径、管道提升高度、管道粗糙度	环境温度、传热系数	阀门及弯头类型、个数

模拟步骤：

（1）进入用户界面。

（ i ）依次点击"Aspentech""process modeling VXX""Aspen plus""Aspen plus user interface"，进入 Aspen 用户界面。

（ ii ）选"Template"（模板）方式，点"OK"。

（iii）选"General with metric units"（米制单位），点"OK"。

1）仿真模拟举例中的压强均为绝对压强。

（2）画流程图。

（ⅰ）点"Pressure changers"（压强变化装置）。

（ⅱ）选择"Pipe"（管段），连接进出口物料。

（3）定义参数。

（ⅰ）点"N"（下一步）、点"Components"（组分）、点"Specification"（规定），在"Components ID"（组分代码）下输入物料"Water"。

（ⅱ）点"Properties"（性质）、点"Specification"（规定），选"NRTL"（物性方法）。

（ⅲ）点"Streams"（物流）、点入口物料代码"1"，输入物料温度（或蒸气比例）、压强、流量、物料组分的质量分数。

（ⅳ）点"N"（下一步），输入管道长度、管道内径、管道提升高度、管道粗糙度。

（ⅴ）点"Thermal specification"（热参数规定），选"Perform energy balance"（采用热衡算），输入入口环境温度、出口环境温度、传热系数。输入"Heat flux"（热通量）数值，若没有此项，需将"Include heat flux"（包括热通量）的"√"去掉。

（ⅵ）点"Fittings"（管件）、点"Flanged in welded"（法兰焊接），输入闸阀、蝶阀、弯头的个数。

（4）运算及显示结果。

（ⅰ）点"N"（下一步）运行。

（ⅱ）点"□√"，点"Blocks"（模块）、点"B1"（图 3-10 打圈处），显示管道总压强降、摩擦力造成的压强降、管路升高造成的压强降、加速造成的压强降、焓变、当量长度等管段参数数值，其模拟结果如图 3-10 所示。

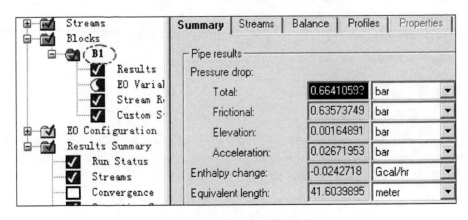

图 3-10　Pipe-管段模型模拟结果 1

（iii）点"Streams"（图 3-11 打圈处），显示进、出口物流温度、压强、焓值、蒸气比例、摩尔流量、质量流量、体积流量等参数数值，其模拟结果如图 3-11 所示。由图 3-10 和图 3-11 可知，焓值变化为 –0.024 271 8Gcal/h、出口压强为 4.333bar、温度为 146.6℃、蒸气比例为 0.997。

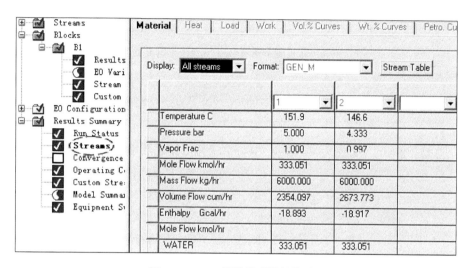

图 3-11　Pipe-管段模型模拟结果 2

本例题若改为出口压强已知，而流量未知，则要用 Pipeline-管线模型来模拟。如果用 Pipe-管段模型，则要用尝试法才能求出流量，如设定出口压强为 3bar 时，求流量。需要输入不同的流量值使出口的压强等于 3bar 为止。当流量从 6000kg/h 变为 9200kg/h，出口压强由 4.333bar 变成 2.995bar，模拟结果如图 3-12 所示。

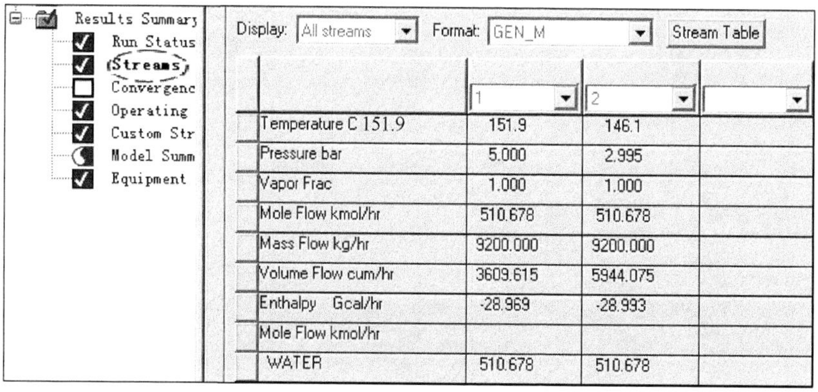

图 3-12　Pipe-管段模型尝试法求流量结果

2. Pump-泵模型举例

温度为 20℃、压强为 1bar 的水,经水泵后压强变为 5bar,水的流量为 200m³/h,泵的效率为 0.70,轴传动效率为 0.96,求流体获得的有效功率、轴功率、电机消耗的电功率。Aspen 仿真模拟需要给出的条件见表 3-2。

表 3-2　Pump-泵模型举例 Aspen 仿真模拟需要给出的条件

流程图	组分	物性	进料	效率及出口参数
选择设备连接物料	输入物料名称	选择NRTL	压强、物料温度、流量、物料组分质量分率	泵的效率、轴传动效率、出口压强

模拟步骤:

进入用户界面,同"Pipe-管段模型举例",接下来的步骤:

(1)点"Pressure changers",选择"Pump",连接进、出口物料。

(2)点" 〃 "、点"Components",在"Components ID"下输入物料"Water"。

(3)点"Properties",在"Base method"项,选"NRTL"。

(4)点"Streams"、点入口物料代码"1",输入水的温度、压强、流量、物料组分质量分率。

(5)点"Blocks"、点"B1",输入出口压强、泵的效率、轴传动效率。

(6)点"N"运行,点"√",点"Blocks"、点"B1",显示模拟结果,如图 3-13 所示。由图 3-13 模拟结果可得到泵的有效功率、轴功率、电机消耗的电功率。

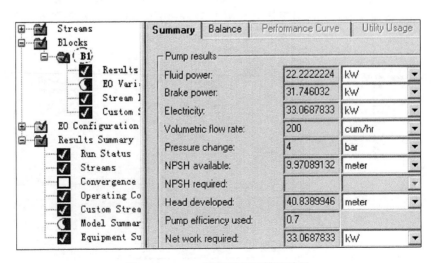

图 3-13　Pump-泵模型举例模拟结果

3.2.2 HeaterX-热量传递模型举例

流量为 600kg/h、压强为 0.3MPa 的饱和水蒸气与流量为 1000kg/h、温度为 20℃、压强为 0.3MPa 的甲醇进行热交换，离开换热器的蒸汽冷凝水压强为 0.28MPa，过冷度为 2℃，换热器传热系数按相态选取。求甲醇的出口温度及相态、换热器的换热面积。Aspen 仿真模拟需要给出的条件见表 3-3。

表 3-3　HeaterX-热量传递模型举例 Aspen 仿真模拟需要给出的条件

流程图	组分	物性	冷、热流体入口参数	热流体出口参数	换热器参数
选择设备连接物料	输入物料名称	选择 NRTL	流量、压强、物料温度或状态、物料组分质量分率	压强、过冷度	传热系数

模拟步骤：

按"Pipe-管段模型举例"方法进入用户界面，接下来的步骤：

（1）点"HeaterX"拖到编辑框，点"Material streams"，连接换热器的冷、热流体进出口物流。

（2）点" 𝟨𝟨 "，左边出现菜单，双击"Components"，出现定义组分表，输入"Water"，点"▶"，输入"Methanol"，点"▶"。

（3）点"Properties"，在"Base method"下选"NRTL"。

（4）点"N"、点"Streams"、点热流体入口代码"1"，按图 3-14 输入热流体入口参数值。

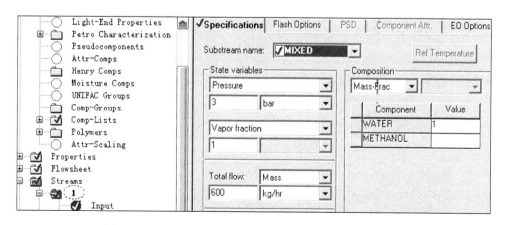

图 3-14　HeaterX-热量传递模型举例设置热流体入口参数值

（5）点"Streams"、点冷流体入口代码"3"，按图 3-15 输入冷流体入口参数值。

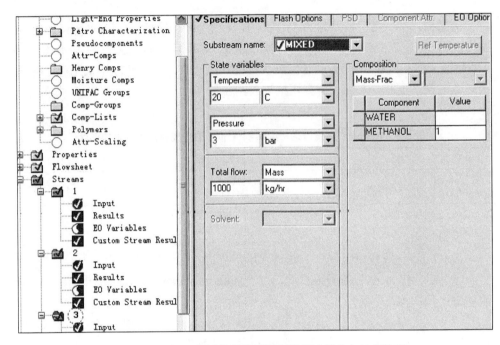

图 3-15　HeaterX-热量传递模型举例设置冷流体入口参数值

（6）点"Blocks"、点"B1"，按图 3-16 输入热流体出口过冷度。

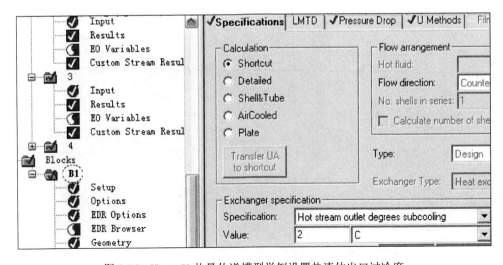

图 3-16　HeaterX-热量传递模型举例设置热流体出口过冷度

（7）点图 3-16 中的"Pressure Drop"，按图 3-17 输入热流体出口压强。

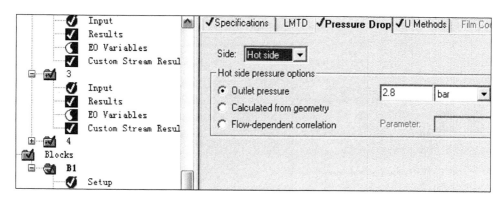

图 3-17　HeaterX-热量传递模型举例设置热流体出口压强

（8）点图 3-17 中的"U Methods"，按图 3-18 选择"Phase specific values"，为传热系数按相态取值。

（9）点"N"运算，点"☑"，点"Blocks"、点"B1"，点"Exchanger Details"，显示模拟结果，如图 3-19 所示。由图 3-19 可知换热器的换热面积。

（10）点"Results Summary"下的"Streams"，显示物流参数值，如图 3-20 所示。由图 3-20 可知甲醇的出口温度及相态。

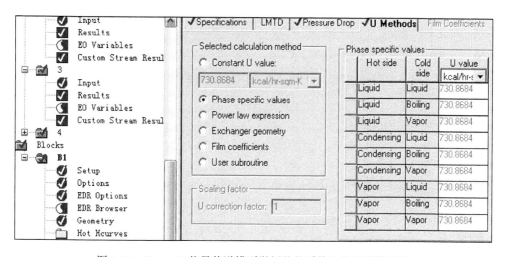

图 3-18　HeaterX-热量传递模型举例传热系数取值类型的选取

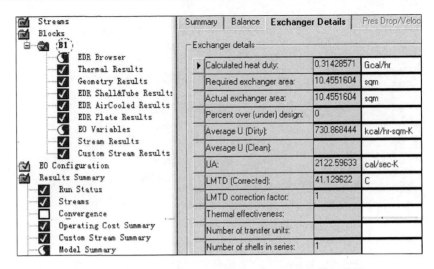

图 3-19　HeaterX-热量传递模型举例换热器数据模拟结果

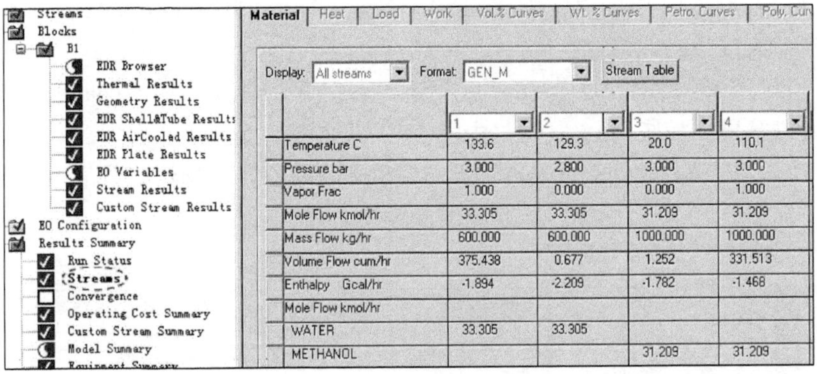

图 3-20　HeaterX-热量传递模型举例物流数据模拟结果

3.2.3　质量传递模型举例

1. Distl-精馏模型举例 1

用精馏塔分离质量流率为 2000kg/h、温度为 30℃的甲醇-水混合溶液，甲醇质量分数为 60%，塔顶采用全凝器、压强为 0.11MPa，塔釜压强为 0.12MPa，理论板数为 30 块，加料板位置为第 20 块，摩尔回流比为 0.6，馏出物与加料摩尔比为 0.7。求塔顶产品与塔底残液的组成、再沸器的热负荷。

模拟步骤：

按"Pipe-管段模型举例"方法进入用户界面，接下来的步骤：

（1）点"Distl"拖到编辑框，点"Material streams"，连接进出口物流。

（2）点"　🔍　"，左边出现菜单，双击"Components"，出现定义组分表，按图 3-21 输入相应项。

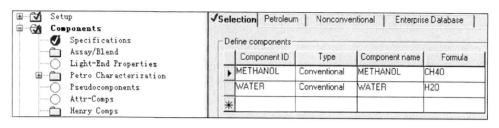

图 3-21　Distl-精馏模型举例 1 定义组分

（3）点"Properties"，按图 3-22 在"Base method"下选"NRTL"。

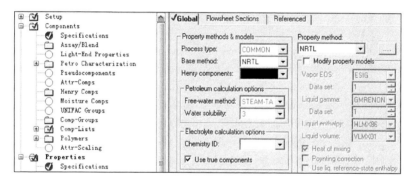

图 3-22　Distl-精馏模型举例 1 选择物性方法

（4）点"N"、点"Streams"、点进料代码"1"，按图 3-23 输入相应项。

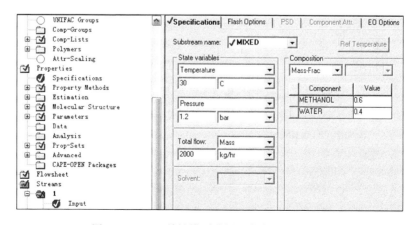

图 3-23　Distl-精馏模型举例 1 定义入口参数值

（5）点"Blocks"、点"B1"，按图 3-24 输入相应数据。

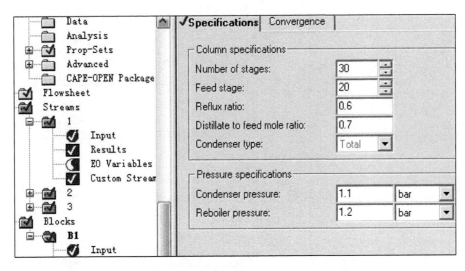

图 3-24　Distl-精馏模型举例 1 输入操作参数值

（6）点"N"运行，点"☑"，点"Blocks"、点"B1"，显示模拟结果，如图 3-25 所示。由图 3-25 可知再沸器的热负荷。

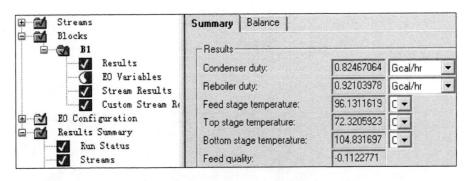

图 3-25　Distl-精馏模型举例 1 塔参数值模拟结果

（7）点"Results Summary"、点"Streams"，显示物流参数值如图 3-26 所示。由图 3-26 模拟结果中塔顶、塔底物流甲醇与水的摩尔流率，可计算出两物流的组成。

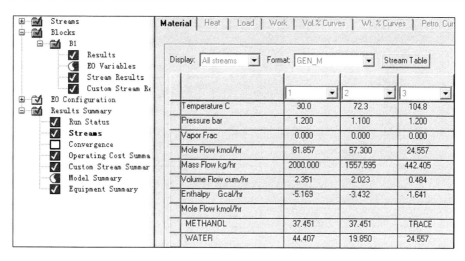

图 3-26　Distl-精馏模型举例 1 物流参数值模拟结果

2. DSTWU-精馏模型举例 2

用精馏塔分离质量流率为 2000kg/h、温度为 20℃、乙苯质量分数为 40%的乙苯（ethylbenzene）-苯乙烯（styrene）混合溶液，进料处压强为 0.1MPa，塔顶采用全凝器，实际摩尔回流比为最小回流比的 2 倍，塔顶压强为 0.016MPa，塔釜压强为 0.018MPa，塔顶乙苯的回收率为 0.98，苯乙烯的回收率为 0.002。求最小回流比、实际回流比、全回流时的最少塔板数、塔顶与塔底物流流率、所需的塔板数。

模拟步骤：

按"Pipe-管段模型举例"方法进入用户界面，接下来的步骤：

（1）点"DSTWU"拖到编辑框，点"Material streams"，连接进出口物流。

（2）点" 👓 "，显示界面左边出现菜单，双击"Components"，按图 3-27 输入相应项。

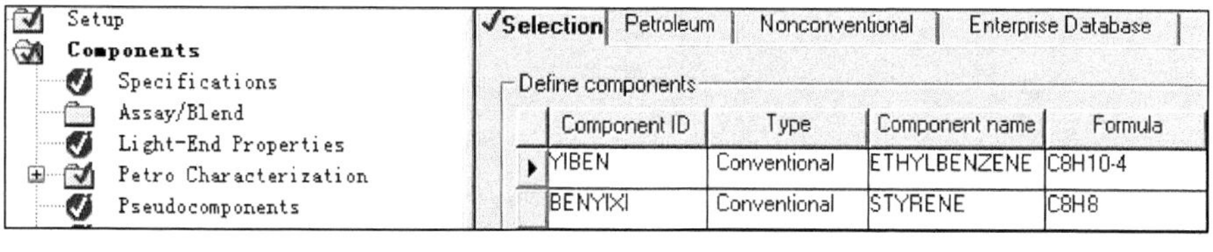

图 3-27　DSTWU-精馏模型举例 2 定义组分

（3）点"Properties"，按图 3-28 在"Base method"项选"NRTL"。

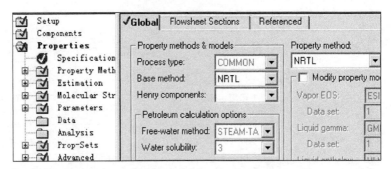

图 3-28　DSTWU-精馏模型举例 2 选择物性方法

（4）点"N"、点"Streams"、点进料代码"1"，按图 3-29 输入相应项。

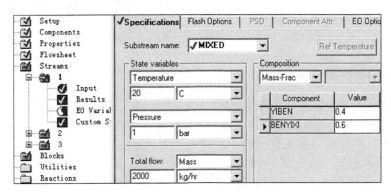

图 3-29　DSTWU-精馏模型举例 2 输入入口参数值

（5）点"Blocks"、点"B1"，按图 3-30 输入相应项。

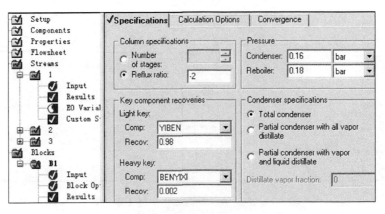

图 3-30　DSTWU-精馏模型举例 2 输入操作参数值

（6）点"N"运行，点"☑"，点"Blocks"、点"B1"，显示模拟结果，如图 3-31

所示。由图 3-31 可知需要的塔板数、进料板位置，同时，还可以得到最小回流比、
实际回流比、全回流时的最少塔板数。

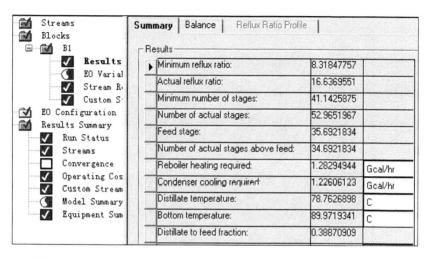

图 3-31　DSTWU-精馏模型举例 2 塔主要参数值及操作参数值模拟结果

（7）点"Blocks"、点"B1"、点"Stream Results"，显示物流参数值，如
图 3-32 所示。由图 3-32 可知精馏塔进出物流的参数值。

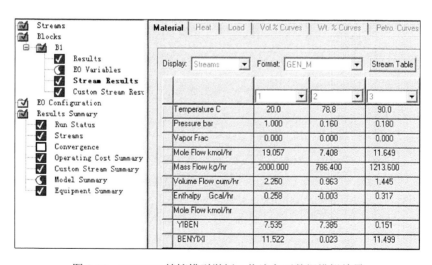

图 3-32　DSTWU-精馏模型举例 2 物流主要数据模拟结果

（8）点"Blocks"、点"B1"、点"Custom Stream Results"，显示精馏塔进出
物流更为详细的参数值，如图 3-33 所示。

		1	2	3
From			B1	B1
To		B1		
Substream: MIXED				
Phase:		Liquid	Liquid	Liquid
Component Mole Flow				
YIBEN	KMOL/HR	7.535270	7.384564	.1507054
BENYIXI	KMOL/HR	11.52168	.0230433	11.49863
Mole Flow	KMOL/HR	19.05695	7.407608	11.64934
Mass Flow	KG/HR	2000.000	786.4000	1213.600
Volume Flow	CUM/HR	2.249879	.9631115	1.444536
Temperature	C	20.00000	78.76269	89.97193
Pressure	BAR	1.000000	.1600000	.1800000
Vapor Fraction		0.0	0.0	0.0
Liquid Fraction		1.000000	1.000000	1.000000
Solid Fraction		0.0	0.0	0.0
Molar Enthalpy	KCAL/MOL	13.52106	-.3560230	27.22864
Mass Enthalpy	KCAL/KG	128.8351	-3.353610	261.3675
Enthalpy Flow	GCAL/HR	.2576702	-2.6373E-3	.3171957
Molar Entropy	CAL/MOL-K	-89.11386	-98.11256	-70.46197
Mass Entropy	CAL/GM-K	-.8491190	-.9241854	-.6763639
Molar Density	KMOL/CUM	8.470211	7.691329	8.064417
Mass Density	KG/CUM	888.9369	816.5202	840.1316
Average Molecular Wei		104.9486	106.1611	104.1776

图 3-33　DSTWU-精馏模型举例 2 详细物流数据模拟结果

（9）点“Results Summary”、点“Model Summary”，显示主要参数值的模拟结果，如图 3-34 所示。

B1
Results
EO Variables
Stream Results
Custom Stream F
EO Configuration
EO Variables
Results Summary
Run Status
Streams
Convergence
Operating Cost Summ
Custom Stream Summa
Model Summary
Equipment Summary

	B1
Name	B1
Group	
Property method	NRTL
Henry's component list ID	
Electrolyte chemistry ID	
Use true species approach for electrolytes	YES
Free-water phase properties method	STEAM-TA
Water solubility method	3
Number of stages	
Reflux ratio	-2
Light key component recovery	0.98
Heavy key component recovery	0.002
Distillate vapor fraction	0
Minimum reflux ratio	8.31848
Actual reflux ratio	16.637
Minimum number of stages	41.1426
Number of actual stage	52.9652
Feed stage	35.6922
Number of actual stage above feed	34.6922
Distillate temperature [C]	78.7627
Distillate to feed fraction [C]	89.9719

图 3-34　DSTWU-精馏模型举例 2 模型主要参数值模拟结果

3. DSTWU-精馏模型举例 3

用精馏塔分离质量流率为 2000kg/h、温度为 20℃、乙苯质量分数为 40%的乙苯-苯乙烯混合液，进料处压强为 0.1MPa，塔顶采用全凝器，实际摩尔回流比为最小回流比的 2 倍，塔顶压强为 0.016MPa，塔釜压强为 0.018MPa，塔顶乙苯的回收率为 0.98、苯乙烯的回收率为 0.002。绘制 N_T-R 关系图，根据 N_T-R 关系图选取合理的 R 值，求取相应的总塔板数、进料板位置、塔顶温度和冷凝器热负荷。

模拟步骤：

（1）按"DSTWU-精馏模型举例 2"方法输入数据。

（2）点"Blocks"、点"B1"、选"Calculation Options"，按图 3-35 输入数据。

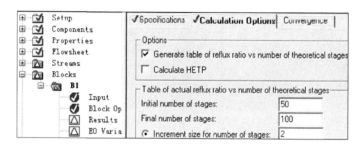

图 3-35　DSTWU-精馏模型举例 3 定义塔板层数范围及每次板数增量

（3）点"N"运行，点"√"，点"Blocks"、点"B1"，选"Reflux Ratio Profile"，显示模拟结果，如图 3-36 及图 3-37 所示。

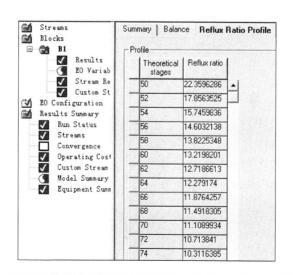

图 3-36　DSTWU-精馏模型举例 3 理论板数（第 50～74 块）对应的回流比

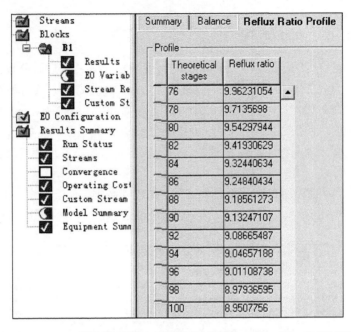

图 3-37　DSTWU-精馏模型举例 3 理论板数（第 76～100 块）对应的回流比

（4）选择理论板数作为关系图纵坐标的步骤：点表头"Theoretical stages"，选择"理论板数"区域，点"Plot"，点"Y-Axis Variable"，如图 3-38 所示。

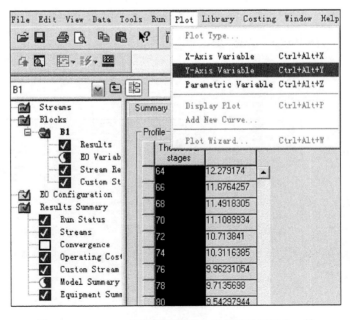

图 3-38　DSTWU-精馏模型举例 3 定义理论板数为 y 轴

（5）选择回流比作为关系图横坐标的步骤：点表头"Reflux ratio"，选择"回流比"区域，点"Plot"，点"X-Axis Variable"，如图 3-39 所示。

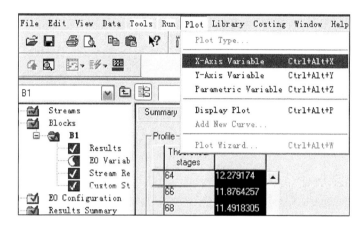

图 3-39　DSTWU-精馏模型举例 3 定义回流比为 x 轴

（6）点图 3-40"Plot"下的"Display Plot"。

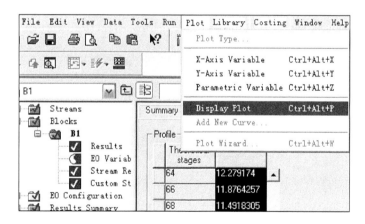

图 3-40　DSTWU-精馏模型举例 3 显示结果操作

（7）系统显示理论板数与回流比的关系，如图 3-41 所示。

由图 3-41 可知，回流比（横坐标）从 9.0 变到 9.5，板数由 98 块变到 80 块，少了 18 块；而回流比（横坐标）由 9.5 变到 10.0，板数由 80 块变到 76 块，少了 4 块。由于随着回流比增大，能耗增加，从节能优先、兼顾板数的角度，回流比在 9.0～9.5 选择较好，相应的总板数为 80～98 块。

（8）点"Blocks"、点"B1"，主要参数值的模拟结果如图 3-42 所示。

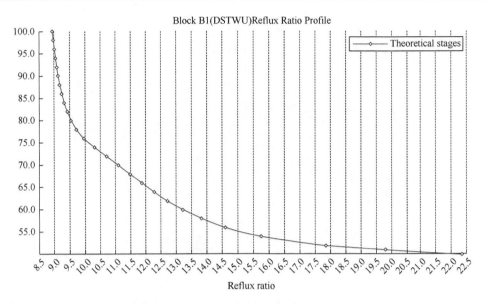

图 3-41　DSTWU-精馏模型举例 3 理论板数与回流比关系

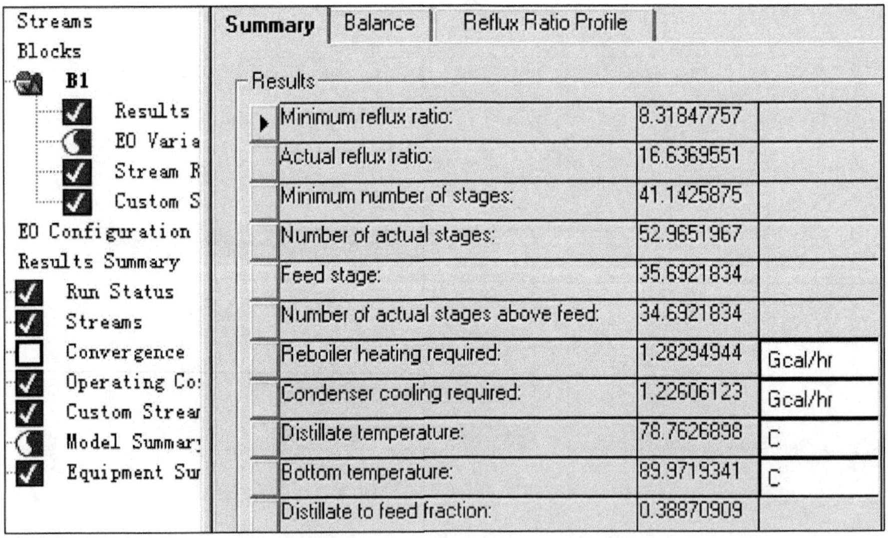

图 3-42　DSTWU-精馏模型举例 3 主要参数值模拟结果

由图 3-42 可知，最小回流比是 8.318 48，其 1.1～2.0 倍是 9.150 33～16.636 96，回流比取 9.233 51，为最小回流比的 1.11 倍，对应的塔板数为 87 块，比较合适。

（9）点" 66 "，点"Blocks"，在图 3-43 中的"Reflux ratio"项输入"–1.11"。

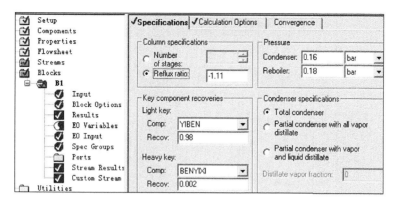

图 3-43　DSTWU-精馏模型举例 3 定义回流比

（10）点"N"运行，点"√"，点"Blocks"、点"B1"，主要参数值的模拟结果如图 3-44 所示。由图 3-44 可知，塔板总数为 87 块、进料板为第 58 块、塔顶温度为 78.76℃、冷凝器热负荷为 0.7112Gcal/h。

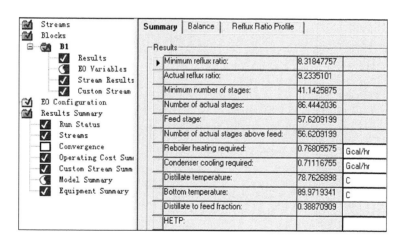

图 3-44　DSTWU-精馏模型举例 3 中 $R = 1.11R_{min}$ 时主要参数值的模拟结果

（11）点"Results Summary"、点"Model Summary"，显示模型主要参数值，如图 3-45 所示。

4. RadFrac-精馏模型举例 4

用塔板数为 60 块的精馏塔分离乙苯-苯乙烯混合溶液，在塔入口处混合液的质量流率为 2000kg/h、温度为 20℃、压强为 0.11MPa、乙苯质量分数为 40%。精馏操作的摩尔回流比为 15，塔顶压强为 0.1MPa，塔压降为 0.01MPa，馏出物与加

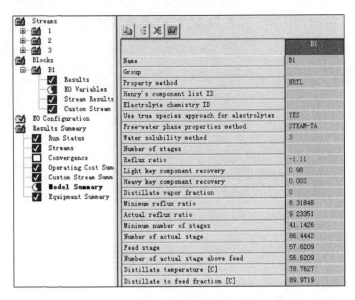

图 3-45　DSTWU-精馏模型举例 3 模型主要参数值的模拟结果

料的摩尔比为 0.4，加料板为第 30 块。采用 RadFrac 模块进行模拟，根据模拟结果选取最佳进料位置，然后再进行模拟计算。

模拟步骤：

（1）进入用户界面。

（2）点"RadFrac"拖到编辑框，点"Material streams"，连接进出口物流。

（3）按"DSTWU-精馏模型举例 3"输入组分名称、方法。

（4）点"N"、点"Streams"、点进料代码"1"，按图 3-46 输入进料参数值。

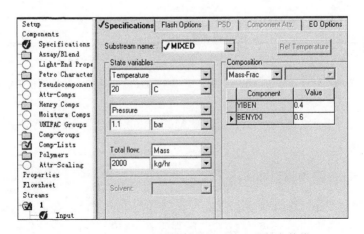

图 3-46　RadFrac-精馏模型举例 4 输入进料参数值

（5）点"Blocks"、点"B1"，按图 3-47 输入相应项。

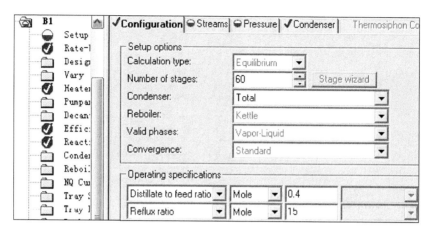

图 3-47 RadFrac-精馏模型举例 4 设定塔项目及输入操作参数值

（6）点图 3-47 的"Streams"项，按图 3-48 输入物料进出塔板位置。

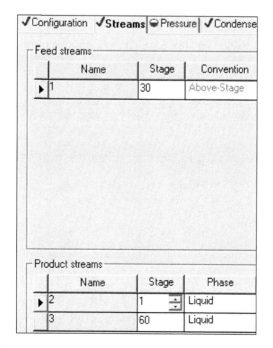

图 3-48 RadFrac-精馏模型举例 4 定义物料进出塔板位置

（7）点图 3-48 的"Pressure"项，按图 3-49 输入压强数据。

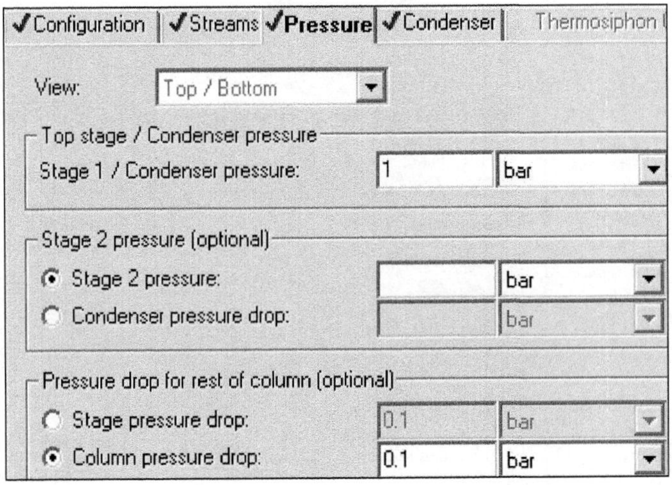

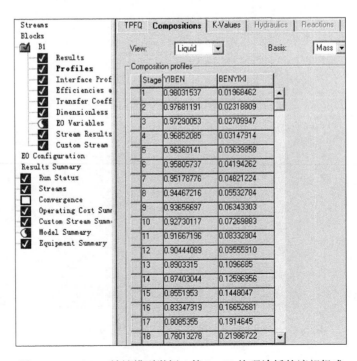

图 3-49　RadFrac-精馏模型举例 4 规定压强数值

（8）点“N”运行，点“√”，点“Blocks”、点“B1”、点“Profiles”，选“Compositions”，在图 3-50 中的“View”项选“Liquid”，“Basis”项选“Mass”，即可显示 60 块板的液相组成的模拟结果，如图 3-50～图 3-53 所示。

Stage	YIBEN	BENYIXI
1	0.98031537	0.01968462
2	0.97681191	0.02318809
3	0.97290053	0.02709947
4	0.96852085	0.03147914
5	0.96360141	0.03639858
6	0.95805737	0.04194262
7	0.95178776	0.04821224
8	0.94467216	0.05532784
9	0.93656697	0.06343303
10	0.92730117	0.07269883
11	0.91667196	0.08332804
12	0.90444089	0.09555910
13	0.8903315	0.1096685
14	0.87403044	0.12596956
15	0.8551953	0.1448047
16	0.83347319	0.16652681
17	0.8085355	0.1914645
18	0.78013278	0.21986722

图 3-50　RadFrac-精馏模型举例 4 第 1～18 块理论板的液相组成

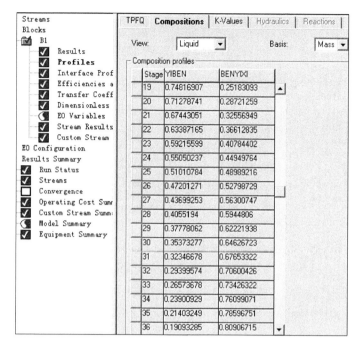

图 3-51　RadFrac-精馏模型举例 4 第 19～36 块理论板的液相组成

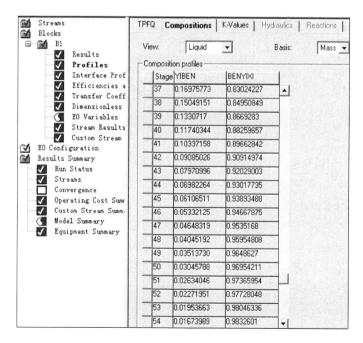

图 3-52　RadFrac-精馏模型举例 4 第 37～54 块理论板的液相组成

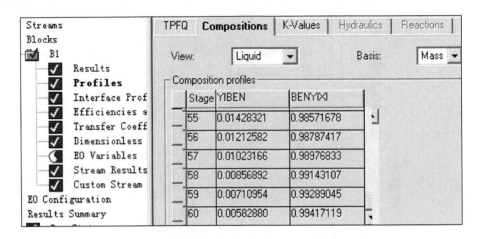

图 3-53　RadFrac-精馏模型举例 4 第 55～60 块理论板的液相组成

（9）由图 3-51 可知，第 28 块的组成为 0.405 519 4，与进料组成 0.4 比较接近。点"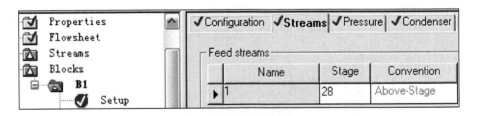"，点"Blocks"、点"B1"、点"Streams"，将图 3-54 中的进料板定义为 28。

图 3-54　RadFrac-精馏模型举例 4 重新定义进料位置

（10）点"N"运行，点"√"，点"Blocks"、点"B1"、点"Profiles"，选"Compositions"，在图 3-55 中的"View"项选"Liquid"，"Basis"项选"Mass"，即可显示 60 块板的液相组成，如图 3-55～图 3-58 所示。

由图 3-56 可知，第 28 块板的组成为 0.408 609 62，与进料组成 0.4 接近。由于进料在适当位置加入，塔顶乙苯组成 $x_D = 0.980\ 533\ 55$ 比原来在第 30 块板加料的塔顶组成 $x_D = 0.980\ 315\ 37$ 要高，塔底乙苯组成 $x_W = 0.005\ 677\ 81$ 比原来在第 30 块加料的塔底组成 $x_W = 0.005\ 828\ 80$ 要低。因此选择在合适的位置进料，可使分离效果更好。本题由于前后两种情况中加料板的位置比较接近，而且塔顶的组成相对较高及塔底的组成相对较低，因此差别不大。读者可以将总板数减少，再进行不同加料板位置的模拟。

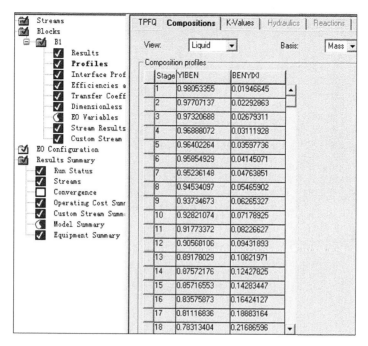

图 3-55　RadFrac-精馏模型举例 4 改变进料位置后第 1～18 块理论板的液相组成

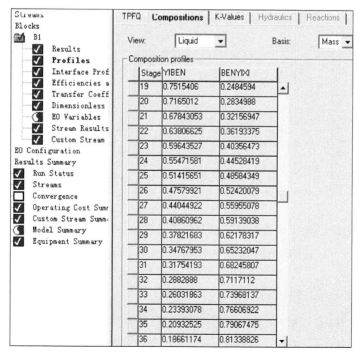

图 3-56　RadFrac-精馏模型举例 4 改变进料位置后第 19～36 块理论板的液相组成

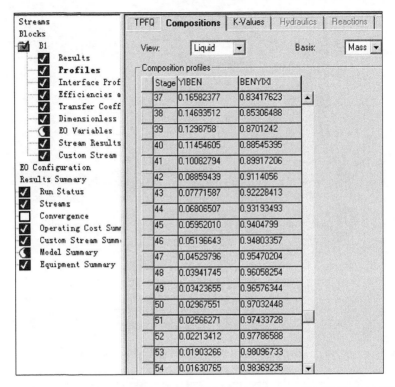

图 3-57　RadFrac-精馏模型举例 4 改变进料位置后第 37～54 块理论板的液相组成

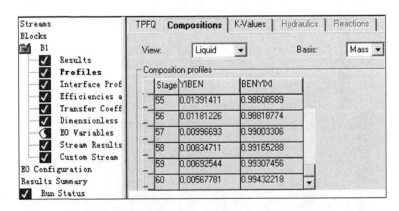

图 3-58　RadFrac-精馏模型举例 4 改变进料位置后第 55～60 块理论板的液相组成

5. RadFrac-精馏模型举例 5

将"RadFrac-精馏模型举例 4"的塔压降由 0.1bar 改为 0.01bar,设定塔顶乙苯的回收率为 0.98,塔釜苯乙烯的回收率为 0.998。试求满足分离要求所需的回流比和馏出物流量。

模拟步骤：

（1）双击"RadFrac-精馏模型举例 4"流程图的 RadFrac 塔身，点"Blocks"、点"B1"、点"Pressure"，将图 3-59 中的塔压降改为 0.01bar。

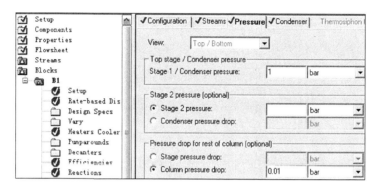

图 3-59　RadFrac-精馏模型举例 5 改变塔压降

（2）点"Blocks"、点"B1"、点"Design Specs"，显示如图 3-60 所示的界面。

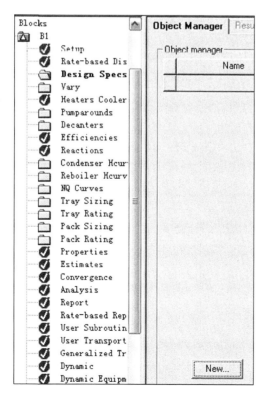

图 3-60　RadFrac-精馏模型举例 5 定义塔顶乙苯回收率步骤界面

（3）点图 3-60 中的"New"按钮后，显示如图 3-61 所示的界面。

图 3-61　RadFrac-精馏模型举例 5 定义塔顶乙苯的回收率作为模拟条件 1

（4）点图 3-61 中的"OK"，按图 3-62 输入相应项。

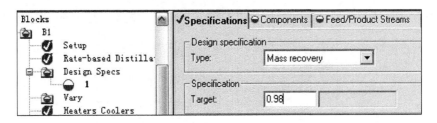

图 3-62　RadFrac-精馏模型举例 5 规定塔顶乙苯回收率数值

（5）点图 3-62 中的"Components"项，选"STYRENE"后，显示如图 3-63 所示的界面。

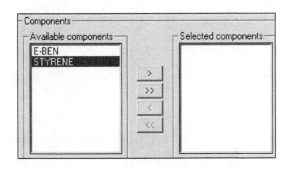

图 3-63　RadFrac-精馏模型举例 5 选择苯乙烯作为定义组分

（6）点图 3-63 的">"后，显示如图 3-64 所示的界面。

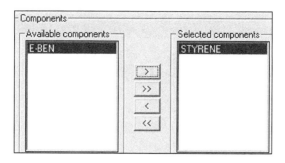

图 3-64　RadFrac-精馏模型举例 5 将苯乙烯放到选择区域

（7）点图 3-62 中的"Feed/Product Streams"项，选"W"，显示如图 3-65 所示的界面。

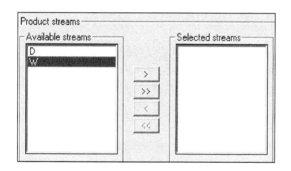

图 3-65　RadFrac-精馏模型举例 5 选择苯乙烯作为排出釜液的含量指标

（8）点图 3-65 的">"后，显示如图 3-66 所示的界面。

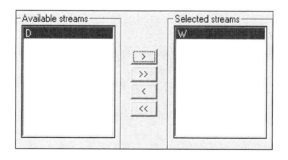

图 3-66　RadFrac-精馏模型举例 5 将釜液放到选择区域

（9）类似步骤(2)～(4)，点"Blocks"、点"B1"、点"Design Specs"，点"New"，定义塔底苯乙烯的回收率为 0.998。

（10）点"Blocks"、点"B1"、点"Vary"，点"New"，显示如图 3-67 所示的界面。

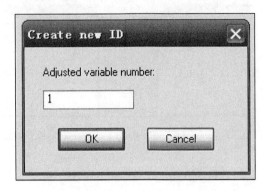

图 3-67　RadFrac-精馏模型举例 5 对回流比进行新的设置作为调整条件 1

（11）点图 3-67 "OK"，按图 3-68 输入相应项。

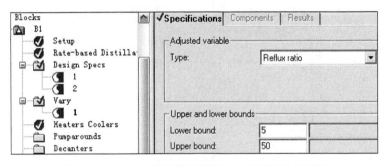

图 3-68　RadFrac-精馏模型举例 5 定义回流比的范围

（12）点图 3-68 "Blocks"、点"B1"、点"Vary"，点"New"，显示如图 3-69 所示的界面。

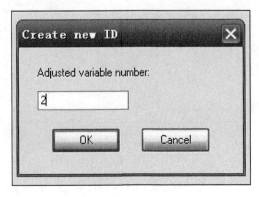

图 3-69　RadFrac-精馏模型举例 5 对塔顶馏出物与进料的摩尔比进行新的设置作为调整条件 2

（13）点图 3-69 "OK"，按图 3-70 输入相应项。

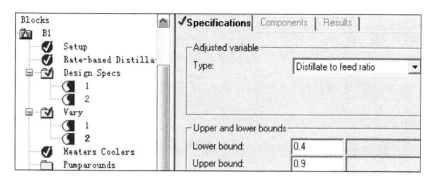

图 3-70 RadFrac-精馏模型举例 5 定义塔顶馏出物与进料的摩尔比范围

（14）点 "N" 运行，点 "Blocks"、点 "B1"，显示如图 3-71 所示的模拟结果。由图 3-71 可知满足分离要求所需的回流比和馏出物流量。

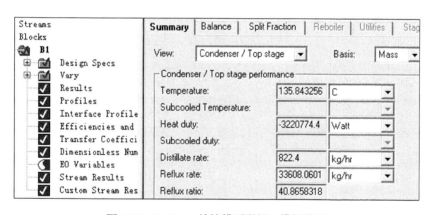

图 3-71 RadFrac-精馏模型举例 5 模拟结果

6. RadFrac-精馏模型举例 6

质量流率为 2000kg/h、温度为 30℃、压强为 0.11MPa 的乙苯-苯乙烯混合液进入塔板数为 140 块的精馏塔进行分离，混合液中乙苯的质量分数为 40%，精馏操作回流比为 15，塔顶压强为 0.012MPa，塔压降为 0.001MPa，馏出物与加料摩尔比为 0.4，加料板为第 81 块，精馏段的默弗里板效率为 0.5，提馏段的默弗里板效率为 0.6，确定最佳加料板位置。

模拟步骤：

（1）按 "RadFrac-精馏模型举例 4" 画流程图，输入两组分，输入物性方法。

（2）点 "N"，点 "Streams"、点进料代码 "1"，按图 3-72 输入相应项的数值。

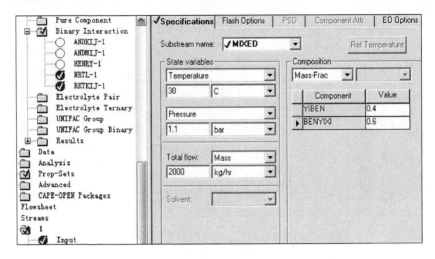

图 3-72　RadFrac-精馏模型举例 6 输入进料参数值

（3）点"Blocks"、点"B1"，按图 3-73 设定相应项。

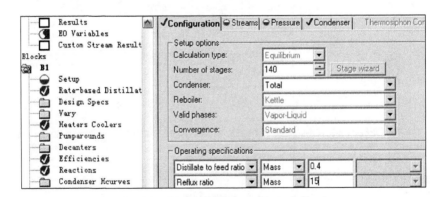

图 3-73　RadFrac-精馏模型举例 6 输入相应项的数值

（4）点图 3-73 中的"Streams"项，按图 3-74 输入进料板位置序号。

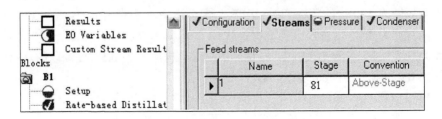

图 3-74　RadFrac-精馏模型举例 6 输入进料板位置

（5）点图 3-74 中的"Pressure"，按图 3-75 输入塔压强数值。

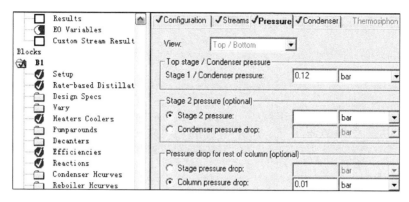

图 3-75　RadFrac-精馏模型举例 6 输入塔压强数值

（6）点"Blocks"、点"B1"、点"Efficiencies"，按图 3-76 选择相应项目。

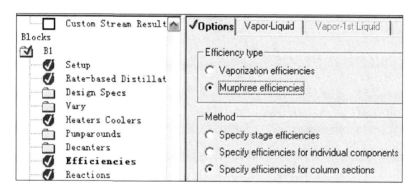

图 3-76　RadFrac-精馏模型举例 6 选择板效率类型及方法

（7）点图 3-76 中的"Vapor-Liquid"项，按图 3-77 输入相应项的数值。

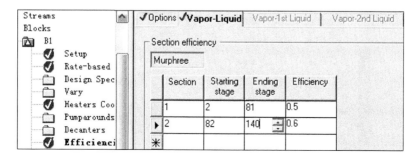

图 3-77　RadFrac-精馏模型举例 6 输入精馏段与提馏段的板效率

（8）点"N"运行，点"√"，点"Blocks"、点"B1"、点"Profiles"、选
"Compositions"，显示如图3-78所示的模拟结果。由图3-78可知，第83块板的
乙苯组成为0.405 606 3，接近原料组成0.4，因此将进料板改成第83块。

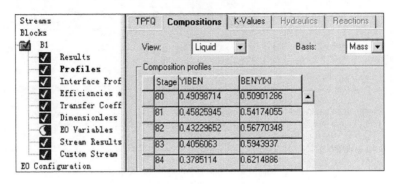

图3-78　RadFrac-精馏模型举例6接近原料组成的塔板液相组成

（9）点"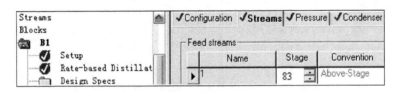"、点"Blocks"、点"B1"、点"Streams"，在图3-79中将加料
板设为"83"。

图3-79　RadFrac-精馏模型举例6调整加料板位置

（10）点"N"运行，点"√"，点"Blocks"、点"B1"、点"Profiles"、选
"Compositions"，显示加料板附近的液相组成，如图3-80所示。由图3-80可知，
第83块板的乙苯组成为0.400 373 37，接近原料组成0.4。

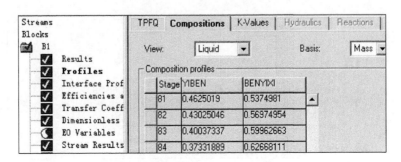

图3-80　RadFrac-精馏模型举例6加料位置附近塔板的液相组成

7. RadFrac-吸收模型举例

用流量为 30t/h、温度为-30℃、压强为 3.1MPa 的甲醇吸收混合气体中的 CO_2，混合气体中 CO_2、N_2、H_2 的摩尔组成分别为 0.1、0.3、0.6，混合气体流量为 2000kg/h、温度为 30℃、压强为 3.1MPa，吸收塔理论板数为 40 块，塔顶操作压强为 2.9MPa，吸收塔塔板总压降为 0.08MPa。求出塔气体 CO_2 的组成。

模拟步骤：

（1）在 RadFrac 下选无冷凝器和无再沸器的塔设备，点"Material streams"，将鼠标光标移至塔进料处按住左键上移，再横向画出塔入口溶剂线，放开左键，再点一下左键，结束定义；将光标移至流线数字，点鼠标右键，重命名为 L-IN。

（2）类似地，将鼠标光标移至塔进料处按住左键下移，再横向画出气体入塔线，放开左键，点一下左键，结束定义；将光标移至流线数字，点鼠标右键，重命名为 G-IN。

（3）将鼠标光标移至塔顶出料处按住左键，拉出气体出口线，放开左键，横移鼠标，再点一下左键，结束定义；将光标移至流线数字，点鼠标右键，重命名为 G-OUT。

（4）类似地，将鼠标光标移至塔底出料处按住左键，拉长吸收剂出口线，放开左键，横移鼠标，点一下左键，结束定义；将光标移至流线数字，点鼠标右键，重命名为 L-OUT。

（5）点"N"，点"Components"，按图 3-81 定义组成。

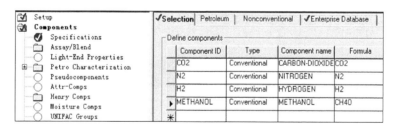

图 3-81 RadFrac-吸收模型举例定义组成

（6）点"Properties"，按图 3-82 选择物性方法。

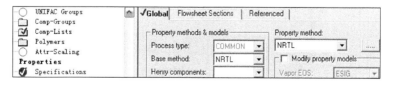

图 3-82 RadFrac-吸收模型举例选择物性方法

（7）点图 3-82 中"Henry components"项的下拉菜单，出现"New"，如图 3-83 所示。

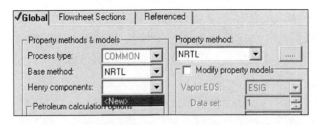

图 3-83　RadFrac-吸收模型举例定义 Henry 组分

（8）点图 3-83 的"New"后，显示如图 3-84 所示的界面。

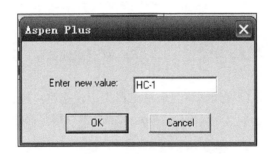

图 3-84　RadFrac-吸收模型举例选择默认项

（9）点图 3-84 的"OK"、点"N"，显示如图 3-85 所示的界面。

图 3-85　RadFrac-吸收模型举例定义 Henry 组分选项

（10）点图 3-85 的"OK"，按图 3-86 选择前三个组成。

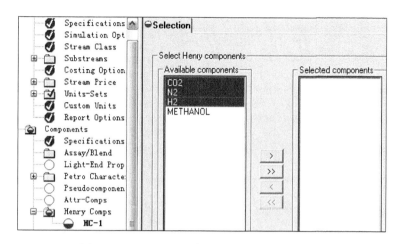

图 3-86　RadFrac-吸收模型举例选择 Henry 组分

（11）点图 3-86 的">"，显示如图 3-87 所示的界面。

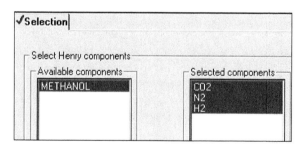

图 3-87　RadFrac-吸收模型举例将组分放到所选区域

（12）点"N"，在"Source"项按图 3-88 选择数据库。

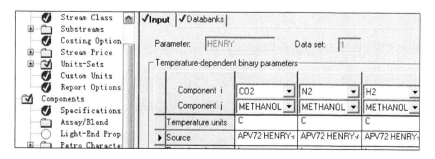

图 3-88　RadFrac-吸收模型举例选择数据库

（13）点"N"、点"OK"，按图3-89输入气相入口处的参数值。

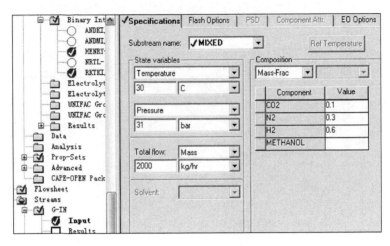

图 3-89　RadFrac-吸收模型举例输入气相入口处的参数值

（14）点"N"，按图3-90输入液相入口处的参数值。

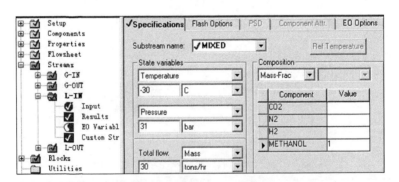

图 3-90　RadFrac-吸收模型举例输入液相入口处的参数值

（15）点"N"，按图3-91定义塔配置。

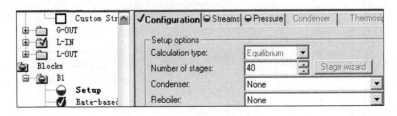

图 3-91　RadFrac-吸收模型定义塔配置

（16）点图 3-91 的"Streams"项，按图 3-92 设置进料位置。

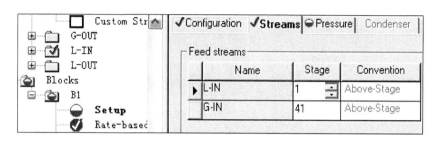

图 3-92　RadFrac-吸收模型设置进料位置

（17）点图 3-92 中的"Pressure"项，按图 3-93 输入塔压强数值。

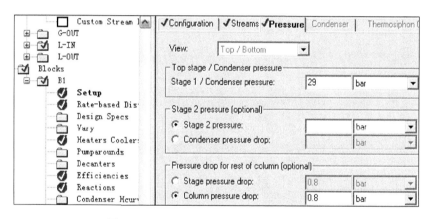

图 3-93　RadFrac-吸收模型输入塔压强数值

（18）点"Blocks"、点"B1"、点"Convergence"，在图 3-94 中的"Maximum iterations"项输入"200"。

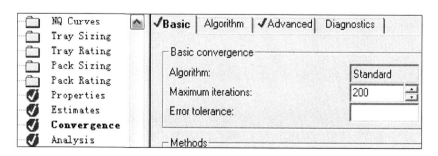

图 3-94　RadFrac-吸收模型设置最大迭代次数

（19）点图 3-94 的"Advanced"项，在图 3-95 中的"Absorber"项选"Yes"。

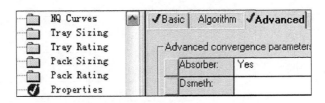

图 3-95　RadFrac-吸收模型设置收敛参数

（20）点"N"运行，点"Results Summary"、点"Streams"，显示如图 3-96 所示的模拟结果。由图 3-96 中出塔气体各组分的摩尔流率，可计算出 CO_2 在混合气体中的组成。

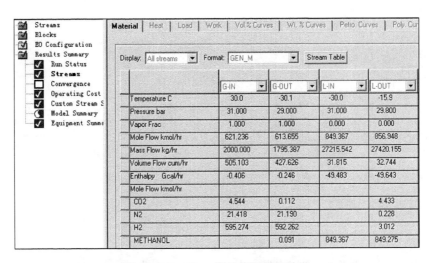

图 3-96　RadFrac-吸收模型模拟结果

第4章　化工单元操作知识要点讨论

4.1　流体流动知识要点

4.1.1　流体静力学与流体流动能量衡算方面

1. 流体等压面要满足：①仅重力场；②静止；③同一种流体；④连续；⑤等高共五个条件。

图 4-1（a）两个方形标志点不满足"静止"条件，因此两点的压强不相等；图 4-1（b）两个方形标志点不满足"连续"条件，因此两点的压强不相等；图 4-1（c）两个方形标志点不满足"同一种流体"条件，因此两点的压强不相等。

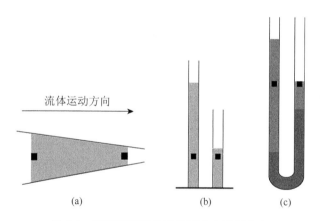

图 4-1　不满足等压条件的两个方形标志点

2. 若气体压强变化大，伯努利方程是否能用？

不能，因为压强变化大，气体的温度会升高或降低，机械能与内能发生转化，机械能此时不再守恒，因此不能用基于机械能守恒的伯努利方程来计算。

3. 伯努利方程的讨论。

伯努利方程可求：①两容器相对位置 Δz；②容器或管道压强 p；③管中流体流速 u；④输送设备功率 W；⑤流动阻力损失 h_f。

当流体静止、无外功加入时，伯努利方程 8 项中的扬程、阻力损失、上下游动能共 4 项变为 0，仅剩下 4 项，此时伯努利方程变为静力学方程。

伯努利方程中的"扬程"单位为 m：m＝N×m/N＝J÷N（N 为流体的重量 mg），即 J/N，因此"扬程"可理解为：流体输送设备给 1N（或称单位）重量流体提供的能量。注意不要将"扬程"误记为：流体输送设备给单位质量（m）流体提供的能量，J/kg。

4. 伯努利方程的解题要点。

（1）作图：可使系统清晰，有利于解题，把数据列于图中。

（2）截面选取：要说明所选取的截面。截面应垂直于流动方向，否则速度要按分量来换算。截面间流体要连续，截面上已知量（z、u、p）要多。通常是选取两个截面，已知截面的 5 个参数值，求截面的第 6 个参数值，或者是已知两个截面的 6 个参数值，求扬程或阻力损失。当两个截面间的摩擦阻力损失包括输送管进、出口阻力损失，而输送管外是大流通截面时，则进、出口处管道截面流体的流速取 0。若两个截面间的摩擦阻力损失不包括输送管进、出口阻力损失，则进、出口处流体的流速取进、出口处管道内流体的流速。

（3）基准面：一般取低截面作为基准面，$z＝0$。

（4）单位：方程中各项的物理量单位应一致，是 J（zmg）、J/kg（zg）、m（z）三种单位之一；压强需用国际标准单位的表压或绝压。

（5）大容器宽液面液体的流速为零。

（6）外部提供的能量加在上游截面，摩擦损失项加在下游截面。

（7）有分支管路时，在任意两截面，单位重量或质量流体的机械能仍满足机械能守恒，伯努利方程中各项仍可采用 J/kg 或压头单位（m）进行能量衡算。由于总管流体的能量分散到各支管流体，一个支管流体的能量小于总管流体的能量，总管与支管之间不能用各项单位为 J 的伯努利方程进行能量衡算。

（8）并联管路各支管的阻力损失都相等。在分流点与合流点之间的三支路列伯努利方程

$$gz_1 + \frac{p_1}{\rho} + \frac{u_1^2}{2} = gz_2 + \frac{p_2}{\rho} + \frac{u_2^2}{2} + h_1$$

$$gz_1 + \frac{p_1}{\rho} + \frac{u_1^2}{2} = gz_2 + \frac{p_2}{\rho} + \frac{u_2^2}{2} + h_2$$

$$gz_1 + \frac{p_1}{\rho} + \frac{u_1^2}{2} = gz_2 + \frac{p_2}{\rho} + \frac{u_2^2}{2} + h_3$$

因此，有

$$h_1 = h_2 = h_3 = g(z_1 - z_2) + \frac{p_1 - p_2}{\rho} + \frac{u_1^2 - u_2^2}{2}$$

5. 调节等径直管（图4-2）的斜度，若流体流速保持不变，读数 R 是否变化？在 A、B 两点间列伯努利方程，得

$$z_A + \frac{p_A}{\rho g} + \frac{u_A^2}{2g} = z_B + \frac{p_B}{\rho g} + \frac{u_B^2}{2g} + h_{AB}$$

由于 $u_A = u_B$，整理上式，得

$$\rho g h_{AB} = (p_A + \rho g z_A) - (p_B + \rho g z_B)$$

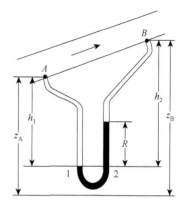

若流体速度不变，则等式左边的阻力损失不变，等式右边的数值也不变。因此 U 形管计算式为

$$(p_A + \rho g z_A) - (p_B + \rho g z_B) = gR(\rho_i - \rho)$$

由 U 形管计算式可知，计算式等号左边数值不变，则右边的 R 值不变。当直管流体速度为零时，两边指示液高度相等，同样与直管的倾斜度无关。因此，读数 R 不变化。

图 4-2 U 形管测两点压差

6. 黏度单位换算。

黏度采用 kg/(m·s)单位代入雷诺数计算公式 $Re = du\rho/\mu$，4 个参数的物理单位可以约掉，计算得到的是无量纲的雷诺数 Re。但通常给出的黏度单位为(N·s)/m²，需要将其换算为 kg/(m·s)。根据牛顿第二定律 $F = mg$，式中参数物理单位的关系为 N = kg·(m/s²)。利用此物理单位的关系对黏度单位中的牛顿（N）进行转化。黏度单位(N·s)/m² = kg·(m/s²)·s/m² = kg/(m·s)，因此(N·s)/m² 与 kg/(m·s)两种黏度单位可以互换。

7. 用伯努利方程解释运动流体的作用力。

伯努利方程表明机械能可以相互转换，但转换前后机械能总和不变。将足球逆时针方向旋转踢出，旋转的足球（图 4-3）会带着足球表面的空气运动。在图 4-4 中的足球右侧，表面的气流运动方向为逆时针方向，与迎面来的气流方向相反，两者互相阻碍，使气流速度变小、动能变小，而压强能（或压强）变大。当气流沿着足球的表面到达图 4-4 中足球的左侧时，表面气流运动方向与周围气

图 4-3 弧线球运动轨迹

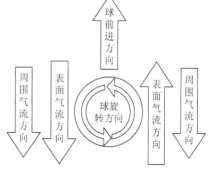

图 4-4 球与气流的运动方向

流运动方向相同，使气流受到的阻力较小，因此气流速度变快、动能变大，而压强能（或压强）变小。由于足球右边压强大，左边压强小，足球在向前运动的过程会往左边偏移。若将足球踢成顺时针旋转，足球在前进的过程则往右边偏移。

　　类似地，在图 4-5 中乒乓球桌右边接球时，可以通过使乒乓球旋转来改变其运动轨迹。例如，推挡乒乓球时，球不旋转，其运动轨迹为图 4-5 的中间曲线；拉弧圈球时，乒乓球逆时针旋转，其运动轨迹为图 4-5 中最上面的曲线；削球时，乒乓球顺时针旋转，其运动轨迹为图 4-5 中最下面的曲线。其道理可用伯努利方程进行解释。拉弧圈球时，乒乓球在往前运动的同时做逆时针运动，如图 4-6 所示。乒乓球上部表面空气的运动方向与周围空气的运动方向相反，空气受到的阻力较大，气流速度变小、动能变小，压强能变大。当气流沿着乒乓球表面到达下部，乒乓球下部表面的气流运动方向与周围空气的运动方向相同，空气受到的阻力较小，气流速度变大、动能变大。根据伯努利方程，由于机械能守恒，相应地乒乓球下部的压强较小。由于乒乓球受到重力及压强差作用力都是往下的方向，两力方向相同，垂直方向的合力较大，因此拉弧圈球时乒乓球运动轨迹的弧度较大。而削球时，乒乓球受到重力及压强差作用力方向相反，垂直方向的合力较小，乒乓球运动轨迹的弧度较小。

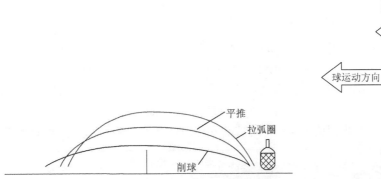

图 4-5　平推、拉弧圈、削球时乒乓球的运动轨迹　　图 4-6　拉弧圈时气流的运动方向

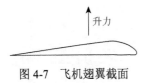

图 4-7　飞机翅翼截面

　　　　　　飞机翅翼截面如图 4-7 所示，上表面为上突型，下表面为平直型。飞机在飞行过程中，气流在翅翼下方可直线通过，而在翅翼上方，翅翼突起的前沿部分把气流挤向上方，因此，在翅翼上方附近区域，单位流通面积通过的空气量比下方通过的空气量多。相应地，上方的气流流速比下方的气流流速大，其结果是上方的动能比下方的动能大，上方的压强能（或压强）比下方的压强能（或压强）小，因此，运动的气流为飞机翅翼提供

一个升力。在飞机速度很大时这个升力很大，而在飞机速度很小时，主要靠翅翼的仰起获得一个气流向上的作用分力来提升飞机。

4.1.2　流体流动阻力损失方面

1. 流体流动与电流流动的类比。

流体流动阻力损失计算式为

$$h_f = \lambda \frac{l}{d} \frac{u^2}{2}$$

输电线路功率损失计算式为

$$P = \rho \frac{l}{S} I^2$$

式中，ρ 为电阻率；l 为线路长度；S 为输电线路截面积；I 为电流强度。以上两式具有类似的形式。

远距离输电，对于无变压器的输电线路，若电压升高，则电流变大。而对于有变压器的输电线路，变压器的电感线圈可以阻止电流随电压升高而增大，使电流维持在较小的状态，因此可实现在电压大、电流小的状况下输电。有变压器的输电线路总电压等于线路电压加上变压器电压。由于无变压器线路输送功率 $I_无 V_无$ 等于有变压器线路输送功率 $I_有 V_有$，且 $V_无 < V_有$，所以 $I_无 > I_有$。同时，变压器采用多块薄硅钢片叠加制成，其电功率损失较少。因此，无变压器输电功率损失 $I_无^2 R_{线路} >$ 有变压器输电功率损失（= 线路的功率损失 $I_有^2 R_{线路} +$ 变压器的功率损失）。

类似于高电压低电流能减少能量损失，减少流体能量摩擦损失的实例有：在河流上筑坝使河水流通截面变大，降低流速，使河水部分动能转化为位能和压强能，可减少能量损失。与不筑坝时的河水流速快、动能大，河水液位低、位能低、压强能低的发电情况相比，筑坝能发出更多的电能。在流体输送、流体传递能量时，为了减少能量损失，同样要尽量采用高压、低速，减少流体动能，增加流体压强能。在离心泵内流体离开叶轮时速度很大，随着泵壳流体流道截面逐渐增大，流体流速逐渐降低，使流体的动能逐渐转化为压强能，以减少流体能量的摩擦损失。风镐压缩空气输送管若采用较大的管径，以高压低速的空气流作为动力，则损失的能量较少。

2. 相关因素对摩擦系数及摩擦阻力损失的影响。

摩擦系数 λ 与相关因素关系如图 4-8 所示。

层流时，摩擦系数 λ 计算式为

$$\lambda = \frac{64}{Re} = 64\frac{\mu}{\rho du}$$

层流时，摩擦阻力损失 h_f 计算式为

$$h_f = \lambda\frac{l}{d}\frac{u^2}{2g} = 64\frac{\mu}{\rho du}\frac{l}{d}\frac{u^2}{2g} = \frac{32\mu l u}{\rho d^2 g}$$

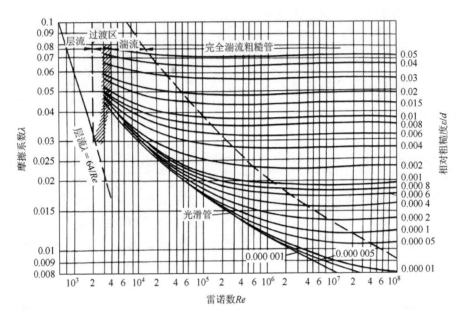

图 4-8　摩擦系数关联图

由摩擦系数 λ 计算式或从图 4-8 可知，随雷诺数 Re 增大，摩擦系数 λ 减少，在层流时，摩擦系数关联线仅为一条斜线，摩擦系数与相对粗糙度无关，同时也可从影响 Re 数值的因素进行讨论。在流量不变的情况下，黏度 μ 升高，导致 Re 变小、摩擦系数增大；密度 ρ 或流速 u 增大，导致 Re 增大、摩擦系数变小；管径 d 增大，导致 Re 变小、摩擦系数增大。其中，管径 d 增大，导致 Re 变小、摩擦系数变大，这个问题比较容易弄错。从表面看，管径 d 增大，λ 计算式的分母变大，摩擦系数 λ 变小，但是流速 $u = V/(\pi d^2/4)$，即流速 u 与管径 d 的平方成反比，因此，Re 与管径 d 的一次方成反比。另外也可以这样考虑，处于湍流状态的流体，流量 V 一定时，当管径 d 逐渐增大，可以使流体由湍流状态变为层流状态，雷诺数 Re 变小，因此摩擦系数 λ 增大。

由层流时的摩擦阻力损失 h_f 计算式可知，若黏度 μ 或速度 u 增大，其他参数不变，摩擦阻力损失增大。结合实际情况不难理解，黏度或速度越大，运动物体

受到的阻力越大。在流速不变的情况下，管径越大，单位质量流体接触到的壁面积越小，受到的阻力越小。

湍流时，摩擦系数 λ 的计算式为

$$\frac{1}{\sqrt{\lambda}} = 1.74 - 2\lg\left(\frac{2\varepsilon}{d} + \frac{18.7}{Re\sqrt{\lambda}}\right)$$

由图 4-8 可知，在 $Re > 4000$ 的湍流区，Re 较小时，随着 Re 增大，摩擦系数 λ 变小；当 Re 足够大，进入完全湍流区时，随着 Re 增大，摩擦系数 λ 不再变化，其值只取决于相对粗糙度 ε/d，此时计算式中含 Re 项可以略去，摩擦系数 $\lambda = f(\varepsilon/d)$，与 Re 无关。相应地，阻力损失 h_f 与流速 u 的平方成正比，对于相对粗糙度确定的管路，阻力损失计算式为

$$h_f = \lambda \frac{l}{d} \frac{u^2}{2g} = C \frac{l}{d} \frac{u^2}{2g}$$

注意：在流体没有达到完全湍流前，摩擦系数变小并不能判断摩擦阻力损失是变小还是变大。例如，仅黏度变小或密度变大，会导致 Re 变大、摩擦系数变小、摩擦阻力损失变小；但仅速度变大，则 Re 变大、摩擦系数变小，而摩擦阻力损失变大。后者的主要原因是阻力损失随速度增加而增大，阻力损失计算式中有速度的平方项，在没达到完全湍流前，阻力损失达不到与速度的平方成正比，因此，阻力损失计算式中摩擦系数随着速度的增加而变小。

3. 非圆形管当量直径计算公式的理解及记忆。

圆的截面积为 S、周长为 C，计算直径的方法为

$$\frac{圆截面积 S}{圆周长 C} = \frac{\pi r^2}{2\pi r} = \frac{r}{2}$$

因此

$$直径 d = 4 \times \frac{圆截面积}{圆周长} = 4\frac{r}{2} = 2r$$

由此得

$$当量直径 d = 4 \times \frac{流通截面积}{截面润湿周边长}$$

列管式换热器壳程的当量直径：

$$d_e = 4 \times \frac{流通截面积}{截面润湿周边长} = 4 \times \frac{壳体截面积 - 管数 \times 单管截面积}{壳体截面内壁周边长 + 管数 \times 单管截面外壁周边长}$$

4. 并联各支管的流量分配。

并联各支管流量分配的依据是并联各支管的阻力损失相等。各支路阻力损失计算式为

$$h_i = \lambda_i \frac{l_i}{d_i} \frac{u_i^2}{2g}$$

将 $u_i = 4q_i / (\pi d_i^2)$ 代入，恒定的 h_i 及其他常数以 C 表示，得

$$C = \lambda_i l_i \frac{q_i^2}{d_i^5}$$

三支管并联，其流量的比为

$$q_1 : q_2 : q_3 = \sqrt{\frac{d_1^5}{\lambda_1 l_1}} : \sqrt{\frac{d_2^5}{\lambda_2 l_2}} : \sqrt{\frac{d_3^5}{\lambda_3 l_3}}$$

在层流情况下，λ_i 与 d_i 的 1 次方成反比，因此 q_i 与 d_i 的 3 次方成正比。在非层流情况下，λ_i 与 Re 和 ε/d 有关，而 Re 和 ε/d 都与 d 有关。在充分湍流情况下，λ_i 虽然与 Re 无关，但仍与 ε/d 有关。因此在非层流情况下，q_i 与 d_i 不呈 5/2 次方的正比关系。

5. 粗糙表面是否比光滑表面对流体的摩擦阻力大？

对于直管：在层流状态，管道不是特别粗糙时，流体覆盖在粗糙的表面上，两者的摩擦阻力相近。而在湍流状态，由图 4-8 可知，光滑管的摩擦系数曲线在最下方，其数值最小，因此在摩擦阻力损失计算式其他项相同的情况下，光滑表面直管比粗糙表面直管对流动流体造成的摩擦阻力损失更小。

但对流体绕过曲面流动的情况则不一定。例如，鲨鱼皮表面虽然很粗糙，但可以使流体绕过其表面后形成较小的涡流，因此在流体中粗糙鲨鱼皮的阻力小于光滑鱼皮的阻力。高尔夫球表面有很多坑，当其在飞行过程中旋转时，这些坑可以把周边的空气带到飞行高尔夫球的后部，降低其后部的负压程度，减小由正面与后面的压强差形成的阻力，使其飞得更远。优秀的高尔夫球选手可以打到 200 多米远的地方，如果将高尔夫球做成光滑的表面，打出的距离会大大缩短。

6. 水由敞口恒液位的高位槽，通过管道流向敞口恒液位的低位槽，当管道上的阀门开度减小后，阀门处的局部阻力系数如何变化？水在输送管的总阻力损失如何变化？

答案是前者变大、后者不变。查半开阀门、1/4 开阀门的局部阻力系数表可知，阀门开度越小，局部阻力系数越大。

伯努利方程为

$$z_1 + \frac{p_1}{\rho g} + \frac{u_1^2}{2g} + H = z_2 + \frac{p_2}{\rho g} + \frac{u_2^2}{2g} + h$$

在两个敞口液面间列伯努利方程，方程中的两个速度项、两个压强项、扬程

均为零，伯努利方程共八项，去掉五项，只剩下 $z_1 - z_2 = h$ 三项。由此可知，管道总阻力损失恒等于两个水面的高度差，因此总阻力损失不变。由于关小阀门，水流速减小，水在直管流动的阻力损失变小，相应地在阀门处的局部阻力损失变大。水在阀门处流动的局部阻力损失增加值与水在直管流动的阻力损失减少值相等，因此，水在管道流动的总阻力损失维持恒定。

7. 水由敞口恒水位的高位槽，通过直管流向敞口恒水位的低位槽，当管径增大 1 倍时，水的流动参数如何变化？

（1）层流状态。

水在直管流动的阻力损失计算式为

$$h = \lambda \frac{l}{d} \frac{u^2}{2g} = \frac{64}{d \rho u / \mu} \frac{l}{d} \frac{u^2}{2g} = \frac{32 \mu l}{d^2 \rho} \frac{u}{g} = \frac{32 \mu l}{d^2 \rho} \frac{4V / \pi d^2}{g} = \frac{128 \mu l V}{\pi g \rho d^4}$$

由上式可知，在层流状态、两个水面高度差不变的恒推动力情况下，因阻力损失不变，管径 d 增大 1 倍，水流量是原来的 16 倍。若设定水的流量不变，则阻力损失为原来的 1/16。

原管径的雷诺数 Re 及摩擦系数 λ 分别为

$$Re = \frac{u d \rho}{\mu} = \frac{d \rho (4V / \pi d^2)}{\mu} = \frac{4 \rho V}{\pi d \mu} \text{ 及 } \lambda = \frac{64}{Re} = \frac{16 \pi d \mu}{\rho V}$$

管径增大 1 倍后雷诺数 Re 及摩擦系数 λ 分别为

$$Re = \frac{4 \rho (16V)}{\pi (2d) \mu} = \frac{32 \rho V}{\pi d \mu} \text{ 及 } \lambda = \frac{16 \pi (2d) \mu}{\rho (16V)} = \frac{2 \pi d \mu}{\rho V}$$

经比较可知，在推动力不变的情况下，管径 d 为原来的 2 倍，Re 为原来的 8 倍，λ 为原来的 1/8。

（2）充分湍流状态。

水在直管流动的摩擦系数 λ 及阻力损失 h 计算式分别为

$$\lambda = f\left(\frac{\varepsilon}{d}\right) \text{ 及 } h = \lambda \frac{l}{d} \frac{u^2}{2g} = \lambda \frac{l}{d} \frac{(4V / \pi d^2)^2}{2g} = \lambda \frac{8 l V^2}{\pi^2 g d^5}$$

在湍流状态、两水位高度差不变的恒推动力情况下，因阻力损失 h 不变，管径 d 增大 1 倍，以管径增大前后较小的相对粗糙度值 $\varepsilon/d = 0.000\,05$ 与 $\varepsilon/(2d) = 0.000\,025$ 分别查图 4-8 得摩擦系数 $\lambda_1 = 0.0105$ 与 $\lambda_2 = 0.0092$，两者之比 λ_1/λ_2 为 1.14。以管径增大前后较大的相对粗糙度值 $\varepsilon/d = 0.05$ 与 $\varepsilon/(2d) = 0.025$ 分别查图 4-8 得摩擦系数 $\lambda_3 = 0.072$ 与 $\lambda_4 = 0.053$，两者之比 λ_3/λ_4 为 1.36。在此相对粗糙度的范围内，管径增大 1 倍，相应计算出水的流量 V 是原来的 $(1.14 \times 32)^{0.5} = 6.04$

至$(1.36×32)^{0.5} = 6.60$倍，流量增加倍数比层流时的小。其原因是，层流状态阻力损失与速度的一次方成正比，而充分湍流状态阻力损失与流速的平方成正比，且随流速变大而增加较快，因此流量增加倍数不如层流状态。若设定水输送流量不变，管径d增大1倍，则阻力损失为原来的$1/(32×1.14) = 1/36.5$至$1/(32×1.36) = 1/43.5$。与层流状态相比，湍流流动状态阻力损失与流速平方成正比，因此管径增大时阻力损失减少的程度更大。

原管径的Re为

$$Re = \frac{ud\rho}{\mu} = \frac{d\rho(4V/\pi d^2)}{\mu} = \frac{4\rho V}{\pi d\mu}$$

在上述较小和较大的相对粗糙度值时，管径增大1倍后的Re分别为

$$Re = \frac{4\rho(6.04V)}{\pi(2d)\mu} = \frac{3.02×4\rho V}{\pi d\mu} \text{ 及 } Re = \frac{4\rho(6.60V)}{\pi(2d)\mu} = \frac{3.30×4\rho V}{\pi d\mu}$$

经比较可知，在充分湍流状态、推动力不变的情况下，当管径d增加1倍时，Re为原来的3.02～3.30倍。

8. 管径增大，局部阻力损失的当量长度l_e如何变化？

对于确定的管件，有教材给出当量长度与管径之比为常数。因此，管径变大，局部阻力损失的当量长度变大。

4.2 流体输送设备知识要点

4.2.1 泵性能参数计算

1. 输送流体所需能量的计算式讨论。

输送流体所需能量的计算式为

$$H = \frac{\Delta p_{虚}}{\rho g} + Kq_v^2$$

当流动处于阻力平方区，系数K与流量无关，为常数。因此，在一种流量下计算得到的K可用于另一种流量下的计算。

2. 泵有效功率计算式的理解。

泵有效功率计算式为

$$P_e = q_v\rho gH_e$$

式中，q_v（单位为m^3/s）$×\rho$（单位为kg/m^3）$×g$（单位为m/s^2）的含义由每秒输送多少立方米（m^3/s）的流体变为每秒输送多少千克（kg/s）的流体，再变为每秒输送多少牛顿重量的流体（N/s）。而H_e的含义是流体输送设备给每牛顿重量流体

提供的能量（J/N）。扬程的单位为 m（米）= N·m/N = J/N，因此最后 P_e 的单位为 J/s = W。计算式的含义是每秒流体从泵得到的能量。泵从电动机传动轴获得的能量一部分传递给流体，另一部分由于阻力而损失掉。

3. 离心泵流量增加时，为什么轴功率增加?

电动机转动轴带动泵的叶片旋转。轴功率增加，说明叶片运动方向的迎面受到的阻力增加或背面受到的吸力增加。流量增加时叶片间的真空增大才能吸入更多的流体，但由于每个叶片在旋转过程同时受到迎面的真空吸力与背面的真空拉力，因此随着流量的增加，真空增加对叶片形成的合力几乎没有变化。由此可以推断，流量增加，轴功率增加，主要是由于叶片受到的阻力增加。其原因是流量增加，单位时间更多的液体进入叶片间，旋转叶片要对更多的液体加速，受到的阻力增加，因此轴功率增大。

4. 离心泵流量减少时，为什么扬程增加?

将离心泵出口管管口捏扁，流体喷得更远，说明单位重量液体获得的能量更多，即扬程增加，相应地输送单位液体消耗的能量增加。

5. 临界汽蚀余量计算式的理解。

临界汽蚀余量计算式为

$$(\text{NPSH})_c = \frac{p_{1,\min}}{\rho g} + \frac{u_1^2}{2g} - \frac{p_v}{\rho g} = \frac{u_K^2}{2g} + \sum H_{f(1-K)}$$

临界汽蚀余量可借用吊车吊重物来帮助理解。当吊车绳拉力强度为 1t 时，能吊起 1t 的重物吗? 吊重物速度趋于 0 时可以。但在正常情况下要考虑吊重物开始时的加速力（ma）及绳子与滑轮的摩擦力。此时

$$绳子最大吊起量 = 绳强度 – 加速力 – 摩擦力$$
$$绳子最小保险量 = 绳强度 – 最大吊物重 = 加速力 + 摩擦力$$

"临界汽蚀余量"与"绳子最小保险量"类似。实际上，吊重物不能总是在理想状态下进行，也要有一定的安全系数，因此绳的保险量要大于绳子最小保险量。类似地

$$必需汽蚀余量 (\text{NPSH})_r = 最大流量时的 (\text{NPSH})_c + 一定的安全量$$

$$实际要求 \text{NPSH} \geqslant (\text{NPSH})_r + 0.5 = 最大流量时的 (\text{NPSH})_c + 一定的安全量 + 0.5$$

相当于在临界汽蚀余量（对应于吊重物的加速力与摩擦力）的基础上增加了两重保险量，即在加上一定安全量的基础上再加上 0.5m。

4.2.2　泵的组合使用

1. 离心泵并联和串联组合操作讨论。

本题讨论可作为逻辑思维训练。

1）并联操作

（1）并联操作的目的是增加流量，但效果不一定好于串联。

其道理类似于在平地拉车，一人拉一辆车的货不太费劲时，两人一人拉一辆车的货走一次（对应于并联泵操作）会比两人拉一辆车的货（对应于串联泵操作）走两次所花的时间要短，即前者单位时间的拉货量大。但如果是拉车上陡坡很费劲，一人拉一辆车，速度很慢，趋于零，则所需时间趋于无穷。这时，如果两人合作，先合力将一辆车拉上坡，然后再合力将另外一辆车拉上坡。这样两人合力拉一辆车拉两次的总时间会比两人一人拉一辆车所花的时间要少，即与两人一人拉一辆车（对应于并联泵操作）相比，两人合力拉一辆车拉两次（对应于串联泵操作），每人单位时间的拉货量更大。

（2）并联双泵的流量 $Q_{并双}$ 是否大于独立单台泵的流量 $Q_{独单}$？

假设 $Q_{并双} \leqslant Q_{独单}$，则 $Q_{并单}(= Q_{并双}/2) \leqslant Q_{独单}/2$，即并联单泵流量仅为独立单台泵流量的一半或者不到一半。由于并联单泵的流量减少，根据泵的特性曲线可知，并联单泵的扬程增加，即并联泵单位重量液体获得的能量大于独立单台泵的能量，相应地，并联双泵的流量大于独立单泵的流量，结论与假设矛盾，说明假设错误，因此 $Q_{并双} > Q_{独单}$。

（3）是否存在 $Q_{并双} \geqslant 2Q_{独单}$？（以逻辑推理证明）

假设 $Q_{并双} \geqslant 2Q_{独单}$ 成立，则 $Q_{并单} \geqslant Q_{独单}$，根据泵特性曲线可知，当 $Q_{并单} \geqslant Q_{独单}$，则 $H_{并单} \leqslant H_{独单}$，或称并联单泵单位重量流体获得的能量等于或小于独立单泵单位重量流体获得的能量，因此只能是 $Q_{并单} \leqslant Q_{独单}$。当 $H_{并单} = H_{独单}$ 时，假设 $Q_{并双} = 2Q_{独单}$，对独立单泵来说，$Q_{独单}$ 在一条输送管路中流动；而并联双泵，$Q_{并双} = 2Q_{独单}$ 也在同一条输送管路中流动。由于流量增加 1 倍，则流速增加 1 倍，流体所受到的阻力势必增加，对并联泵来说，若单位重量流体获得的能量与独立单泵的相同，而流体流动受到的阻力增加，因此有 $Q_{并单} < Q_{独单}$，即 $Q_{并双} < 2Q_{独单}$。此结论与假设矛盾，说明假设错误，因此 $Q_{并双} < 2Q_{独单}$。

（4）并联双泵的扬程 $H_{并双}$ 是否大于独立单泵的扬程 $H_{独单}$？

由上面讨论可知，并联单泵流量小于独立单泵流量，根据泵的特性曲线可知，相应地并联泵的扬程增加，即 $H_{并双} = H_{并单} > H_{独单}$。

（5）存在 $H_{并双} > 2H_{独单}$ 吗？

单泵的特性曲线方程①为 $H = A - BQ^2$；管路特性曲线方程②为 $H = C + DQ^2$；并联泵的特性曲线方程③为 $H = A - BQ^2/4$。

由式①和式②求得独立单泵工作点处 $H_{独单} = (AD + BC)/(D + B)$

由式②和式③求得并联泵工作点处 $H_{并双} = (4DA + BC)/(4D + B)$

若 $H_{并双}/H_{独单} \geqslant 2$，则 $(4DA+BC)(D+B)/(4D+B)/(AD+BC) \geqslant 2$，整理得 $2ABD-4AD^2-B^2C-7BCD \geqslant 0$，即满足此条件时 $H_{并双}(=H_{并单}) \geqslant 2H_{独单}$。

改变单个参数的数值，代入条件项 $(4DA+BC)(D+B)/(4D+B)/(AD+BC)$ 计算可知，当 A（流量为 0 时泵的扬程）越大、B（泵扬程与流量关联系数）越大、C（输送液体需要提高的势能）越小、D（管路阻力系数）越小时，条件项数值越大，因此 $H_{并双}$ 与 $H_{独单}$ 的比值越大。

举例：设 $A=36\text{m}$，$B=0.3\text{h}^2/\text{m}^5$，$C=0.5\text{m}$，$D=0.03\text{h}^2/\text{m}^5$，则单泵的特性曲线方程④为 $H=36\text{–}0.3Q^2$；管路特性曲线方程⑤为 $H=0.5+0.03Q^2$；并联泵的特性曲线方程⑥为 $H=36\text{–}0.075Q^2$。将方程系数数值代入条件式，得 $(4DA+BC)(D+B)/(4D+B)/(AD+BC)=3.225>2$。

由式④和式⑤解得单泵工作点的扬程为 3.73m；由式⑤和式⑥解得并联泵工作点的扬程为 10.64m，如图 4-9 所示。由于 $10.64>2\times3.73=7.46$，因此存在 $H_{并双}(=H_{并单}) \geqslant 2H_{独单}$。

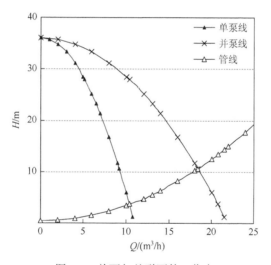

图 4-9　单泵与并联泵的工作点

（6）存在 $Q_{并双} \geqslant 2Q_{独单}$ 吗？（用公式证明）

由式①和式②解得 $Q_{独单}^2=(A-C)/(D+B)$；由式②和式③解得 $Q_{并双}^2=(A-C)/(D+B/4)$。假设存在 $Q_{并双} \geqslant 2Q_{独单}$，代入以上两个流量计算式，并整理得到 $D \leqslant 0$，此条件不符合管路特性曲线方程 $D>0$ 的特点，说明假设错误，因此 $Q_{并双} < 2Q_{独单}$。这与上面逻辑推理证明的结论一致。

2）串联操作

（1）串联操作的目的是提高扬程，但效果不一定好于并联。

其原因是，串联泵为单流道，并联泵为双流道，串联双泵阻力大于并联双泵阻力，当连接泵的输送管道阻力较小时，泵的阻力成为液体输送的主要阻力，串联泵较大的阻力使流体获得的总能量变小，即扬程变小。而且，串联单台泵的流量 $Q_{串单}$ 增加、扬程 $H_{串单}$ 减小；而并联单台泵的流量 $Q_{并单}$ 减少、扬程 $H_{并单}$ 增加。这两个原因使得在低阻管路的条件下，串联双泵的扬程有可能小于并联双泵的扬程。

（2）串联双泵的扬程大于独立单台泵的扬程（$H_{串双} > H_{独单}$）吗？

进入第二级泵入口的液体由于有第一级泵提供的能量，具有一定的流速及正压强。液体进入第二级泵，在相同流量下，第二级泵的叶片受到的阻力变小，叶轮的转速大于独立单台泵叶片的转速，液体从转速更快的叶片中获得的能量更大。因此，液体经过两台串联泵后获得的能量大于独立单台泵的能量，即 $H_{串双} > H_{独单}$。

（3）串联双泵的流量 $Q_{串双}$ 大于独立单台泵的流量 $Q_{独单}$ 吗？

由于 $H_{串双} > H_{独单}$，即串联泵单位重量液体获得的能量大于独立单台泵获得的能量，因此 $Q_{串双} > Q_{独单}$。

（4）是否存在 $H_{串双} > 2H_{独单}$？

由于串联双泵的流量大于独立单台泵流量，根据泵特性曲线可知，$H_{串单} < H_{独单}$。因此，串联双泵的扬程之和达不到独立单台泵扬程的两倍，即 $H_{串双} = 2H_{串单} < 2H_{独单}$。

（5）是否存在 $Q_{串双}(=Q_{串单}) \geqslant 2Q_{独单}$？

独立单台泵的特性曲线方程①为 $H = A - BQ^2$；管路特性曲线方程②为 $H = C + DQ^2$；串联泵特性曲线方程③为 $H = 2A - 2BQ^2$。

由式①和式②解得独立单台泵工作点处 $Q_{独单}^2 = (A-C)/(B+D)$

由式②和式③解得串联泵工作点处 $Q_{串双}^2 = (2A-C)/(2B+D)$

若 $Q_{串双} \geqslant 2Q_{独单}$，将以上两个流量计算式代入，整理得 $B(7C-6A) + D(3C-2A) \geqslant 0$。即满足此式时，$Q_{串双} \geqslant 2Q_{独单}$。

举例：设 $A = 21m$，$B = 0.3h^2/m^5$，$C = 19m$，$D = 0.3h^2/m^5$，满足

$$B(7C-6A) + D(3C-2A) = 0.3(7 \times 19 - 6 \times 21) + 0.3(3 \times 19 - 2 \times 21) = 6.6 \geqslant 0$$

单泵特性曲线方程④为 $H = 21 - 0.3Q^2$；管路特性曲线方程⑤为 $H = 19 + 0.3Q^2$；串联双泵特性曲线方程⑥为 $H = 42 - 0.6Q^2$，由式④和式⑤解得独立单台泵工作点处 $Q_{独单} = 1.83m^3/h$，由式⑤和式⑥解得串联双泵工作点处 $Q_{串双} = 5.05m^3/h$，如图 4-10 所示。由于 $Q_{串双} = 5.05 > 2Q_{独单} = 2 \times 1.83 = 3.66$，因此存在 $Q_{串双} = Q_{串单} \geqslant 2Q_{独单}$。

这如同本题开始所举的例子，与一人拉一辆车上陡坡很费劲的情况（对应于

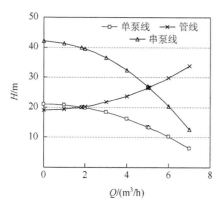

图 4-10　单泵与并联泵的工作点

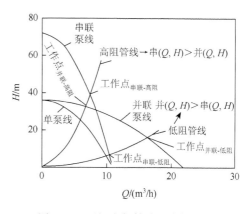

图 4-11　泵组合与管路阻力的关系

独立泵操作）相比，两人合力先拉一辆车上陡坡，然后再合力将另外一辆车拉上陡坡（对应于串联泵操作）能较大地提高单位时间的人均拉货量。

2. 泵组合应用分析。

由图 4-11 可知，对于高阻管线：

$$Q_{\text{串,高阻}} > Q_{\text{并,高阻}}; \quad H_{\text{串,高阻}} > H_{\text{并,高阻}}$$

对于低阻管线：

$$Q_{\text{并,低阻}} > Q_{\text{串,低阻}}; \quad H_{\text{并,低阻}} > H_{\text{串,低阻}}$$

当两种组合都能满足液体输送任务时，从加快输送液体速度的角度考虑，对于高阻输送管路，应选择串联组合；对于低阻输送管路，则应选择并联组合。若要考虑输送成本，则还需从泵效率的角度选择，比较串联泵与并联泵的工作点所对应的泵效率。

4.3　颗粒分离知识要点

4.3.1　过滤方面

1. 恒压过滤和恒速过滤的过滤面积均增大 1 倍，滤液量增加几倍？

恒压过滤方程为

$$V^2 + 2VV_{\text{e}} = K_{\text{常}} A^2 \tau$$

恒速过滤方程为

$$V^2 + VV_{\text{e}} = \frac{K_{\text{非}}}{2} A^2 \tau$$

从公式很难分析，不容易得到正确的结论。但从过滤面积增大 1 倍，相当于增加 1 台设备的角度去思考，很容易得到滤液量增加 1 倍的结论。

2. 恒压过滤方程 $V^2 + 2VV_e = K_常 A^2 \tau$ 中过滤常数 K 的讨论。

恒压过滤方程中过滤常数 K 的表达式为

$$K = 2\frac{\Delta p_虚}{r\phi\mu}$$

K 与压差 $\Delta p_虚$ 呈一次方正比关系，与比阻 r、悬浮液的颗粒体积分数 ϕ、黏度 μ 均呈一次方反比关系。当这些因素发生改变时，由恒压过滤方程可计算出滤液量的变化。

4.3.2　颗粒沉降方面

1. 难沉降颗粒的沉降速度符合斯托克斯定律，若直径 d_1 颗粒在降尘室的沉降率 η_1 为 90%，比直径 d_1 更小的直径 d_2 颗粒在降尘室的沉降率 η_2 为多少？

斯托克斯沉降速度方程为

$$u_t = \frac{d_p^2 g(\rho_p - \rho)}{18\mu}$$

该式说明，沉降速度与颗粒直径的二次方成正比。由于沉降率 η 与沉降速度成正比，因此，$\eta_2/\eta_1 = d_{p2}^2/d_{p1}^2$。

2. 为什么降尘室的处理量与降尘室的高度无关？

降尘室的处理量 $q_v = Au_t$。当降尘室的高度 H 增加，颗粒从降尘室顶部降至室底的时间 H/u_t 变长，但气体在降尘室的停留时间 $V(= AH)/q_v$ 也变长，两者对颗粒沉降分离行为影响的正负效果抵消，因此对颗粒分离的效果不变。

4.4　传热知识要点

4.4.1　热传导方面

1. 传导传热定义。

在传热方向上，无宏观物质运动，仅靠分子、原子、自由电子等微观粒子的无规则热运动来传递热量。

2. 导热方程的推导。

根据日常烧水的经验，烧水壶壁导热量 ΔQ 与下列五个因素有关：①壶底火

水两侧温差 Δt（火温度越高，水温度越低，传递的热量越多）；②烧水时间 $\Delta\tau$（时间越长，传递的热量越多）；③壶底厚度 Δn（温差一定时，壶底越厚，传递的热量越少）；④壶底面积 A（壶底面积较大时，能传递更多的热量）；⑤壶材料的导热系数 λ（砂锅传热慢于铁锅）。因此

$$\Delta Q_{总} = -\lambda A \Delta\tau \frac{\Delta t}{\Delta n}$$

3. 材料导热系数 λ 讨论。

一般来说，金属类材料导热系数的数值最大。金属中 $\lambda_{银} > \lambda_{铜} > \lambda_{铝}$，与导电率的排列顺序一致，因为金属主要靠自由电子传递热量，与电流传递类似。固体金属 λ＞无流体充填、致密的非金属固体 λ＞液体 λ（液体中液钠 λ 最大，可作为核电站的冷却剂，带出核反应堆的热量）＞气体 λ。例外：非金属的碳纳米管 $\lambda = 1950\text{W/(m·K)}$，是银的 5 倍。碳纳米管借助超声波传递热量，传递速度为 10km/s。非金属的金刚石 $\lambda = 2400\text{W/(m·K)}$，非金属的石墨烯 $\lambda = 5000\text{W/(m·K)}$。

4. 借助热阻分析传热。

传热速率方程为

$$q = \frac{t_1 - t_2}{\dfrac{\delta}{\lambda A}} = \frac{\Delta t}{R} = \frac{传热推动力}{热阻}$$

与欧姆定律（电流＝电压/电阻）的形式类似，对稳定导热，传热速率恒定，因此，系统某段热阻与该段温差呈正比关系。由此得到，温度变化大的地方，热阻大；或者热阻大的地方，温度变化大。这与电压和电阻的关系一样。

图 4-12 中三层材料厚度一样时，第一层材料的热阻最大。

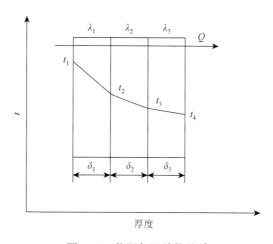

图 4-12　热阻与温差的关系

5. 对数平均面积 A_m 的数值范围。

$$A_m = \frac{A_2 - A_1}{\ln(A_2/A_1)}$$

A_m 数值在 A_2 与 A_1 数值之间，且小于 $(A_2+A_1)/2$ 数值，若 A_m 的数值超出此范围，说明 A_m 计算错误。A_m 的数值范围可用数学方法来证明，在此证明省略。当 $A_2 = 0.8m^2$、$A_1 = 0.2m^2$，两者之比为 4 时，$A_m = 0.4328m^2$、$(A_2 + A_1)/2 = 0.5m^2$，两个平均数的相对差值为 $(0.5-0.4328)/0.5 = 13.4\%$；当 A_2 与 A_1 两者之比为 2 时，两个平均数的相对差值仅为 3.8%。

6. 圆柱放热体外两层不同保温效果材料的放置顺序对传热的影响。

设内、外层保温材料的平均面积分别为 $1m^2$、$2m^2$，导热系数分别为 $1W/(m\cdot K)$、$2W/(m\cdot K)$，放热体温度为 37℃，环境温度为 0℃。若保温性能好的材料放在外层，由两层圆筒壁的导热速率方程得

$$q_1 = \frac{t_1 - t_2}{\dfrac{\delta_1}{\lambda_1 A_{m1}} + \dfrac{\delta_2}{\lambda_2 A_{m2}}} = \frac{37 - 0}{\dfrac{1}{2\times 1} + \dfrac{1}{1\times 2}} = \frac{37}{0.5 + 0.5} = 37W$$

若保温性能好的材料放在内层，由两层圆筒壁的导热速率方程得

$$q_2 = \frac{t_1 - t_2}{\dfrac{\delta_1}{\lambda_1 A_{m1}} + \dfrac{\delta_2}{\lambda_2 A_{m2}}} = \frac{37 - 0}{\dfrac{1}{1\times 1} + \dfrac{1}{2\times 2}} = \frac{37}{1 + 0.25} = 29.6W < q_1 = 37W$$

由上面结果推理可知，在冬季将暖衣服穿在里面，保温效果好，人体散热量较少。另外，两件衣服保暖效果差别越大，骨架越小、越瘦的人，外层周长与内层周长之比变大，类似于图 4-13 情况。因此，外层衣服面

图 4-13　大与小直径圆筒内外层圆周比

积与内层衣服面积之比变大，保暖效果好的衣服穿在里面效果更好。

结论：将保暖性能好的材料用于内层，既省又好。

4.4.2　对流传热方面

1. 气相给热系数 $\alpha_{液}$ 与液相给热系数 $\alpha_{气}$ 的比较。

冷却一杯热开水，在冷却介质温度相同时，水冷比风冷快，说明 $\alpha_{液} > \alpha_{气}$。

温泉泡池的最高温度一般为 42℃左右，温度再升高，人受不了。而在干空气的面包房，人能在 160℃ 的高温下待上一段时间。

2. 小直径传热体（如电线）包上一层材料后，其传热速率是否减小？

小直径电线包上一层绝缘胶皮后，可使外表面积大大增加，对流传热速率增加，有利于电线的散热。电线不仅要考虑绝缘问题，还要考虑散热问题。电线散热不好，绝缘层容易老化，同时，在用电装置功率不变的情况下，温度升高，电线电阻增大，会导致更多的电能损失。

3. 冷热流体逆流换热，冷热流体温差大值是否固定出现在某一端？

图 4-14 为冷热流体的温度变化图，若热流体热容量大、温度变化较小，这时，右端冷热流体的温差较大；反过来，冷流体热容量大、温度变化较小，这时，左端冷热流体的温差较大。因此，冷热流体温差大值不固定出现在某一端。用硬水冷却，若要防止钙离子结垢，t_2 宜小于 45℃。为了保证传热效率，通常要求 $\Delta t_m > 10℃$，否则传热面积大大增加。

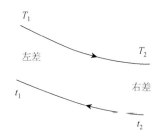

图 4-14　冷热流体逆流传热温差

注意：在冷热流体温差较小的地方，温度变化较小，图 4-14 中冷热流体在右边的温度变化变小，因此右边冷热流体的温差较小。

4.4.3　辐射传热方面

1. 物体向外部辐射热能与吸收外部的辐射热能。

当物体温度高于绝对零度，将会以电磁波形式向外界辐射热能，同时又会吸收外界物体的辐射热能。温度高的黑色物体散热性能好，温度低的黑色物体吸热性能好。温度高的电线缠绕黑色绝缘胶布比缠绕白色绝缘胶布，能增加散热能力。在温度高的锅炉表面镀黑度小的锌、铝等，可减少辐射散热、降低热能损失。当人体皮肤温度相同时，在低温环境下黑色皮肤会散发更多的热量，而在高温环境下黑色皮肤会吸收更多的热量。

2. 在不同温度条件下，两物体温差相同时辐射传递的热量。

物体辐射的热量与物体温度的 4 次方成正比。在温差都为 20K（720K 与 700K，120K 与 100K），其他条件相同的情况下，两物体间传热量之比为

$$(720^4 - 700^4)/(120^4 - 100^4) = 266.8$$

由此可见，在高温时即使两个物体的温差很小，高温物体向低温物体辐射的热量也很大。

4.5　蒸发知识要点

1. 蒸发系统水溶液上方的水蒸气温度低于水溶液温度的过程分析。

若系统的压强为 1atm，蒸发要在沸腾状态下进行，含不挥发性溶质的水溶液温度通常要超过 100℃。假设加热面水溶液的沸点为 110℃，则液体沸腾产生的气泡也是 110℃，当气泡上升时，压强减小，气泡膨胀，温度降低，当气泡离开液面时，气泡解除了液膜张力的束缚，压强进一步减小，气泡继续膨胀，温度进一步降低。由 1.3.2 节可知，蔗汁蒸发，汁汽温度与汁汽绝压的关系曲线和纯水温度与饱和水蒸气压的关系曲线几乎重合，即汁汽温度与同压强下的饱和水蒸气的温度几乎相同。但蒸发过程中，若系统没有纯液态水也可能出现过热水蒸气。过热水蒸气比同压强下的饱和水蒸气温度要高。一定量水蒸气的两种状态满足气体状态方程 $p_0V_0/T_0 = p_1V_1/T_1$，例如，1atm 下的水蒸气饱和状态时 $p_0 = 1atm$、$V_0 = 2L$、$T_0 = 373.15K$；1atm 下的过热状态时 $p_1 = 1atm$、$V_1 = 2.1L$、$T_1 = 391.81K$，$T_1 = 391.81K > T_0 = 373.15K$。若系统有纯液态水，当系统温度达到水的沸点温度时水会汽化，不会出现过热现象。

2. 水溶液沸点 t 与什么因素有关？

水溶液沸点与①蒸发室压强（压强越小，沸点越低）；②液体静压强（液层越高，液层下的溶液沸点越高）；③溶液沸点升高（主要取决于溶质与水的作用力大小，无机盐离子与极性的水分子作用力强，沸点升高程度大）三个方面的因素有关。

4.6　气体吸收知识要点

4.6.1　吸收传质方面

1. 扩散系数 D 讨论。

在空气中虽然一杯乙醇比一杯水干得快，但是 $D_水$ 大于 $D_{乙醇}$。在空气介质中，$D_水$ 为 0.260cm²/s、$D_{乙醇}$ 为 0.132cm²/s，因此，与乙醇气相比，水汽在空气介质中的扩散速度更快。乙醇干得快，主要是乙醇汽化或挥发快，挥发性与 D 数值无确定关系。

物质在气相扩散比在液相扩散快得多。在空气中 $D_{乙醇}$ 为 0.132cm²/s，在水中 $D_{乙醇}$ 为 1×10^{-5}cm²/s，两者相差 4 个数量级。

2. 公式 $j_D = j_H = f/2$ 的应用。

式中，j_D 为传质 j 因子；j_H 为传热 j 因子；f 为曳力系数。该公式表明流体在平板上流动时，扩散系数、给热系数、剪应力之间有一定数量关系。如果剪应力

（或称单位面积流体的摩擦力）及公式中的相关物性数据已知，可估算扩散系数或给热系数。

3. 总传质系数计算式的记忆。

联立的气膜与液膜传质速率计算式为 $N = k_y(y - y_i) = k_x(x_i - x)$。

要得到总传质系数 K_y，就要消掉 x，由于 $y^* = mx$，因此第二个等号后的式子要 $\times m/m$。将 k_y、k_x 放到分母的分母，然后两式利用合比定律相加，令 $K_y = 1/$ 分母，得

$$K_y = 1/(1/k_y + m/k_x)$$

要得到总传质系数 K_x，就要消掉 y，由于 $y/m = x^*$，因此第一个等号后的式子要 $/m$ 再 $\times m$，将 mk_y、k_x 放到分母的分母，然后两式利用合比定律相加，令 $K_x = 1/$ 分母，得

$$K_x = 1/[1/(mk_y) + 1/k_x]$$

由于

$$N = \frac{y - y_i(气膜推动力)}{1/k_y(气膜阻力)} = \frac{y_i - y^*(液膜推动力)}{m/k_x(液膜阻力)}$$

$$= \frac{x^* - x_i(气膜推动力)}{1/mk_y(气膜阻力)} = \frac{x_i - x(液膜推动力)}{1/k_x(液膜阻力)}$$

若气体难溶于液相，主要阻力在液相，则气膜阻力 $1/k_y[或 1/(mk_y)] \ll$ 液相阻力 $m/k_x(或 1/k_x)$。若气体易溶于液相，则反之。

4. K_y 与 K_x 有什么关系？

$$N_A = K_y(y - y^*) = K_x(x^* - x) = K_x(mx^* - mx)/m = K_x(y - y^*)/m$$

对比第一个等号后的式子与第四个等号后的式子，得 $K_y = K_x/m$。

4.6.2　吸收操作方面

1. 吸收塔物料计算。

吸收塔进出物料的 6 个参数包含在全塔轻组分衡算式中：$G(y_1 - y_2) = L(x_1 - x_2)$。

题目通常给出 5 个参数值，需要计算第 6 个参数值。若再给出吸收塔溶质的回收率，则只要再给出 4 个参数值。若入塔吸收剂混合部分含有一定量溶质浓度的吸收剂或者部分出塔液回用，则需要进行溶质衡算来确定入塔吸收剂溶质的浓度。

2. 吸收操作方程讨论。

吸收操作方程可写成如下形式

$$y = y_2 + \frac{L}{G}(x - x_2)$$

此形式的吸收操作方程易于记忆及进行检查，其易变为 $G(y - y_2) = L(x - x_2)$ 的形式，对应于"溶质在气相中的减少 = 溶质在液相中的增加"。

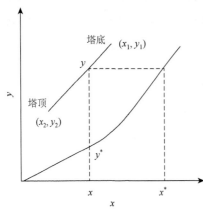

图 4-15　逆流吸收操作线

说明：（1）公式应用条件为稳定、逆流的吸收操作。

（2）式中的 x、y 表示吸收塔任意截面气、液两相的组成。

（3）直线通过塔底截面液气组成点 (x_1, y_1)，塔顶截面液气组成点 (x_2, y_2)，斜率为 L/G，如图 4-15 所示。

（4）操作线位于平衡线上方，表示吸收塔任意截面上，气相溶质组成 $y >$ 与截面处液相溶质成平衡的气相溶质组成 y^*。

（5）传质推动力为 $(y - y^*)$ 或 $(x^* - x)$。

（6）塔底液气组成 (x_1, y_1) 为浓端，在直线右上部；塔顶液气组成 (x_2, y_2) 为稀端，在直线左下部。

从塔底至任意截面作物料衡算，可得到另一形式的吸收操作线方程

$$y = y_1 + \frac{L}{G}(x - x_1)$$

该方程可变为 $G(y - y_1)_{负值} = L(x - x_1)_{负值}$。

若气、液流向为并流，吸收操作方程为

$$y = y_1 - \frac{L}{G}(x - x_1)$$

顺着两个物流由入口往前，气相的溶质减少，$G(y - y_1)$ 为负值，液相的溶质增加，$L(x - x_1)$ 为正值，因此，并流吸收操作线的斜率为负值。

并流吸收塔的塔顶组成点 (x_1, y_1)、塔底组成点 (x_2, y_2)，哪个 y、x 大？

进口气体的 y_1 大，进口液体的 x_1 小，出口气体的 y_2 小，出口液体的 x_2 大。因此，并流吸收操作线的画法如图 4-16 所示。

思考：两吸收塔液体并联、气体串联，在 y-x 图上画出两塔的吸收操作线。

3. 在什么情况下气液相溶质浓度在入口处或出口处达到平衡？

在正常吸收操作条件下，随着吸收剂用量的减少，操作线斜率 L/G 减小，如图 4-17 所示，最终气液溶质浓度在塔底达到平衡。如果气体的量越来越少，气液溶质浓度则在塔顶达到平衡。

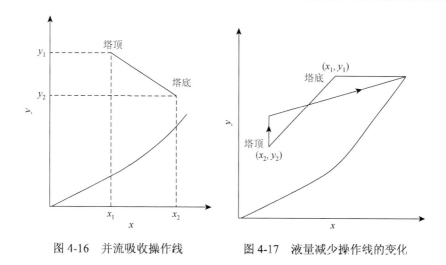

图 4-16　并流吸收操作线　　　图 4-17　液量减少操作线的变化

注意：气液量变化，液体入口浓度 x_2 及气体入口浓度 y_1 均不变化。

上述过程说明，气体量特别少，设想为只有 1 个气泡，或是液体量特别少，设想为只有 1 滴液体，或是气液量同时都少，使气液在吸收塔内的停留时间变长的情况下，气液都容易达到平衡。实际吸收操作中气液组成达不到平衡的主要因素有气液接触时间短、气液接触面积不足、气液湍动程度不充分。

4. 气相传质单元高度 H_{OG} 讨论。

气相传质单元高度计算式为

$$H_{OG} = \frac{G}{K_y a}$$

由该式可知，当单位塔截面的气量 G 增大、填料比表面积 a 减小、总传质系数 K_y 减小时，H_{OG} 将增加。若要达到的吸收程度不变，吸收塔填料层高度 H 将增加。式中

$$K_y = \frac{1}{\dfrac{1}{k_y} + \dfrac{m}{k_x}}$$

单相传质系数 $k = f(\rho, \mu, u, d, D)$ 或 $k = f(Re, D)$，当管径 d、黏度 μ、速度 u、密度 ρ 发生变化导致 Re 增加，以及扩散系数 D 增加时，单相传质系数 k 增加，使总传质系数 K_y 增加，从而使 H_{OG} 减小；而当气压 p 增加、温度 T 降低时，相平衡系数 m 减小，使总传质系数 K_y 增加，从而使 H_{OG} 减小。另外，还需要从是气膜或是液膜为传质的主要阻力去分析。减少主要阻力能使总传质系数 K_y 增加。减少较小的阻力，总传质系数 K_y 几乎不变。

5. 以对数平均浓度差法推导 N_{OG} 计算式（采用容易理解、与教材不同的新方法）。

设气液平衡方程①为 $y^* = ax + b$、吸收操作方程②为 $y = a'x + b'$。将式②变换可得式③

$$x = \frac{y - b'}{a'}$$

传质推动力

$$\Delta y = y - y^* \xrightarrow[\text{式②代入}]{\text{将式①和}} (a'-a)x + (b'-b) \xrightarrow[\text{代入，消掉}x]{\text{将式③}} \frac{a'-a}{a'}y - \frac{a'-a}{a'}b' + (b'-b) = cy + d$$

$$N_{OG} = \int_{y_2}^{y_1} \frac{dy}{y-y^*} = \int_{y_2}^{y_1} \frac{dy}{\Delta y} = \frac{1}{c}\int_{y_2}^{y_1} \frac{d(cy+d)}{cy+d} = \frac{a'}{a'-a}\ln\frac{cy_1+d}{cy_2+d} \xrightarrow[\text{为斜率}]{a、a'} \frac{dy/dx}{dy/dx - dy^*/dx}\ln\frac{\Delta y_1}{\Delta y_2}$$

$$\xrightarrow[dx]{\text{约掉}} \frac{dy}{d(y-y^*)}\ln\frac{\Delta y_1}{\Delta y_2} = \frac{dy}{d(\Delta y)}\ln\frac{\Delta y_1}{\Delta y_2} = \frac{y_1-y_2}{\Delta y_1-\Delta y_2}\ln\frac{\Delta y_1}{\Delta y_2}$$

6. 容易记忆的吸收因素法 N_{OG} 计算公式。

容易记忆的吸收因素法 N_{OG} 计算公式的形式为

$$N_{OG} = \frac{1}{1-S}\ln\left[(1-S)\frac{y_1-mx_2}{y_2-mx_2} + S\right]$$

式中，有 $\frac{1}{1-S}$、$\frac{1}{1-S}$ 去掉分子后的 $(1-S)$、$1-S$ 去掉 "1-" 后的 S。

采用纯溶剂时，$x_2 = 0$，分式项变为 y_1/y_2。S 为脱吸因素，是平衡方程斜率 m 与吸收操作方程斜率 L/G 之比，$S = Gm/L$，G 大、m 大、L 小，S 值大，对吸收不利。

7. 吸收因素法与对数平均浓度差法求 N_{OG} 公式有什么不同？

有黄色的区域（3 行半）换成：与对数平均浓度差法求 N_{OG} 相比，用吸收因素法求 N_{OG} 的好处是不用知道出口处吸收剂的溶质浓度 x_1，省掉物料衡算。但吸收因素法求 N_{OG} 有局限性，当 S(或吸收因素 A) = 1 时，由于吸收因素法求 N_{OG} 公式中的分母为 0，因此不能计算 N_{OG}。S(或 A) = 1 说明吸收操作线与气液平衡线平行，塔顶与塔底的传质推动力 $(y-y^*)$ 相等，即 $\Delta y_m = \Delta y_1 = \Delta y_2$，此时

$$N_{OG} = \frac{y_1-y_2}{\Delta y_m} = \frac{y_1-y_2}{\Delta y_1} = \frac{y_1-y_2}{\Delta y_2} \xrightarrow[\text{吸收，}x_2=0]{\text{用纯溶剂}} \frac{y_1-y_2}{y_2}$$

如 N_{OG} 未知，吸收剂用量 L 未知，宜采用吸收因素试差计算求出吸收剂用量 L。

8. 吸收塔内液相返混讨论。

吸收塔内气、液两相由下游返回上游，这种现象称为返混。液相返混（图 4-18）类似吸收剂再循环，液相由高浓度区返回低浓度区，使传质推动力减小，完成相同分离任务，塔高增加。这类似于漂洗衣服时将脏水与干净水混合，衣服更不容易漂洗干净。

当发生返混时，气体入口组成 y_1 与液体入口组成 x_2 仍然不变。由于传质推动力减小，气相传出的溶质量减少，因此 y_2 增加，相应地 x_1 减小。

图 4-19 为返混时操作线与原操作线的对比，返混及原混的吸收操作线塔顶点坐标分别为 (x_2, y_2)、(x_2^0, y_2^0)，塔底点坐标分别为 (x_1, y_1)、(x_1^0, y_1^0)，发生返混时，x_2 不变，y_2 增加，y_1 不变，x_1 减小。AB 区之外由于 L/G 不变，直线的斜率不变，AB 区由于液体返混，L/G 变大，直线的斜率变大。在 A 点处，气体的组成不变，而液相由于有液体返混，浓度由返混前的 x_A 升高为返混后的 x_A'。因此，吸收塔 A 点对应于 x-y 图上的一条水平线。

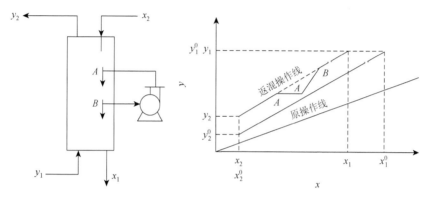

图 4-18　塔内液体返混示意图　　　图 4-19　返混对操作线的影响

9. 吸收塔的设计计算及操作计算。

均采用①全塔物衡式、②气液平衡式、③填料高度式三式联解。

10. 气液逆流吸收，当在塔底气相入口处达到气液平衡，或在塔顶气相出口处达到气液平衡，增大吸收剂用量，能有效降低气体出口组成 y_2 吗？

第一种情况能。如图 4-20（a）所示，出口气体的溶质浓度高于与入口液体溶质浓度成平衡的气相溶质浓度值。当增加吸收剂用量时，如图 4-20（b）所示，液相溶质浓度变化程度逐渐降低，而气相溶质浓度变化程度逐渐增加，出口气体的溶质浓度 y_2 逐渐趋于与入口液体的溶质浓度 x_2 成平衡的气相溶质浓度值 y_2^*，因此，增大吸收剂用量，能有效降低 y_2。

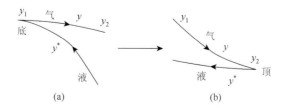

图 4-20　第一种情况下增加吸收剂用量对气液浓度的影响

第二种情况不能。如图 4-21（a）所示，从入塔开始气体中的溶质在传质推动力 $y-y^*$ 的作用下，不断由气相进入液相。在出口处气体的溶质浓度 y_2 等于与入口液体溶质浓度 x_2 成平衡的气相溶质浓度值 y_2^*，此时传质推动力 $y-y^*$ 为 0，气相溶质不再由气相进入液相，气液相溶质浓度达到平衡。因此，即使增大吸收剂用量，出口气体溶质浓度 y_2 仍然是与入口液相溶质浓度 x_2 达到平衡，$y_2=y_2^*=mx_2$ 保持不变。但加大液相量，如图 4-21（b）所示，由液相入口处起，与液相溶质浓度成平衡的气相溶质浓度降低，使其有利于溶质从气相进入液相，因此从气相入口处开始的前阶段，气相溶质浓度降低较快，而在后阶段，气相溶质浓度变化较慢。

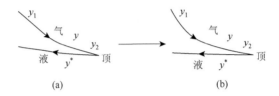

图 4-21　第二种情况下增加吸收剂用量对气液浓度的影响

这两种情况可以与冷热流体逆流换热进行类比。如果冷流体在出口处的温度与热流体在入口处的温度相同，持续加大冷流体的流量，热流体在出口处的温度逐渐降低，最后趋向于与冷流体在入口处的温度相同。但如果热流体在出口处的温度与冷流体在入口处的温度相同，即使加大冷流体的流量，热流体在出口处的温度仍然与冷流体在入口处的温度相同，热流体的出口温度不会降低到比冷流体的入口温度更低。

4.7　精馏知识要点

4.7.1　精馏气液平衡方面

1. 采用 x-y 关系图对精馏进行分析的优点。

总压变化对 t-x-y 关系图的影响大，但对 x-y 关系图的影响小。总压变化＜30%时，x-y 关系变化＜2%，设计时，可使用相近压强的气液平衡数据。同时，用 x-y 关系图分析精馏过程，不会因精馏塔塔顶与塔底的压强不同而产生较大误差。

2. 总压对精馏操作的影响。

克劳修斯-克拉珀龙公式（以下简称克-克公式）为

$$\ln\frac{p_2^0}{p_1^0}=-\frac{\Delta H_{汽化}}{2.303R}\left(\frac{1}{T_2}-\frac{1}{T_1}\right)$$

将①常压 $p_1^0=1.01\times10^5\,\mathrm{Pa}$、②常压沸点 $T_1=T_{常沸}$、③特鲁顿定律公式{常压摩尔汽化

热 $\Delta H_{汽化}[\mathrm{J/(mol \cdot K)}]$ 与常压绝对温度沸点 $T_{常沸}$ 的关系为 $\Delta H_{汽化}=88T_{常沸}\}$ 代入上式，得

$$\lg p_2^0 - \lg 1.01 \times 10^5 = -\frac{88T_{常沸}}{2.303R}\left(\frac{1}{T_2}-\frac{1}{T_{常沸}}\right)$$

对于 A 组分，克-克公式可表示为

$$\lg p_{A2}^0 - \lg 1.01 \times 10^5 = -\frac{88}{2.303R}\left(\frac{T_{A常沸}}{T_{A2}}-\frac{T_{A常沸}}{T_{A常沸}}\right) = -\frac{88}{2.303R}\left(\frac{T_{A常沸}}{T_{A2}}-1\right)$$

对于 B 组分，克-克公式可表示为

$$\lg p_{B2}^0 - \lg 1.01 \times 10^5 = -\frac{88}{2.303R}\left(\frac{T_{B常沸}}{T_{B2}}-\frac{T_{B常沸}}{T_{B常沸}}\right) = -\frac{88}{2.303R}\left(\frac{T_{B常沸}}{T_{B2}}-1\right)$$

上两式相减得

$$\lg \frac{p_{A2}^0}{p_{B2}^0} = -\frac{88}{2.303R}\left(\frac{T_{A常沸}}{T_{A1}}-\frac{T_{B常沸}}{T_{B1}}\right)$$

对于理想溶液，式中 $\dfrac{p_{A2}^0}{p_{B2}^0}=\alpha$（相对挥发度）。在同一系统，$T_{A1}=T_{B1}=T$（系统温度），因此上式可表示为

$$\lg \alpha = \frac{21}{2.303R}\left(\frac{T_{B常沸}-T_{A常沸}}{T}\right)$$

由公式 $\alpha=f(T_{A常沸}、T_{B常沸}、T)$ 可知

（1）根据 A、B 组分的常压沸点，可估算任意温度 T 时两组分的相对挥发度。

（2）当系统温度 T 降低时，相对挥发度 α 增加。

对于相对挥发度小的体系，或者为了进一步增加两组分的相对挥发度，应采用低温精馏。但低温精馏可能达不到混合组分液相的沸点，汽化速率会很小，从而导致精馏分离过程很慢。采用真空蒸馏，使液相达到沸点，即可满足生产强度的要求。

分析精馏系统压强对操作的影响可知，系统压强低，可导致塔内物料的沸点降低、组分间的

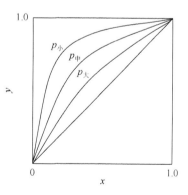

图 4-22　压强对气液平衡线的影响

相对挥发度增大、y 与 x 的差别变大。系统压强对气液平衡线的影响如图 4-22 所示。

4.7.2　精馏操作方面

1. 精馏塔物料计算。

总物料衡算式为 $F=W+D$，轻组分衡算式为 $Fx_F=Dx_D+Wx_W$。通常题目给

出 4 个参数的数值，要求计算出另外 2 个参数的数值。但已知以上两式中 4 个参数的数值，不一定能求其他 2 个参数的数值。例如，x_F、x_D、x_W 中 2 个参数的数值未知，则无法求解。这是因为，$F = D + W$ 式中的 3 个参数及 x_F 的数值已知，则 Fx_F（定值）$= Dx_D + Wx_W$，在 x_D 逐渐增加、x_W 逐渐减小过程中，有无穷多组的 x_D、x_W 使等式成立，因此 x_D、x_W 有无穷多组解。

当题目给出塔顶轻组分回收率 $\eta = \dfrac{Dx_D}{Fx_F}$，则只要给出 3 个参数的数值（最少给出一个组成的数值），就可以求出 3 个未知数的数值。若只求操作线，可令 $F = 1$，6 个参数只要给出 2 个参数的数值，其中至少给出一个组成的数值，即可计算其他 3 个参数的数值。

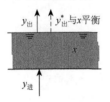

图 4-23　板效率参数示意图

2. 精馏板效率公式与吸收板效率（图 4-23）公式不同。

精馏塔气相板效率 $E_{MV} = \dfrac{y_{出} - y_{进}}{y_{出}^{*} - y_{进}} = \dfrac{实际板提浓}{理论板提浓}$

吸收塔气相板效率 $E_{MV} = \dfrac{y_{进} - y_{出}}{y_{进} - y_{出}^{*}} = \dfrac{实际板浓度变化}{理论板浓度变化}$

3. 加料热状况参数 q 的实际含义。

q 的数值等于加入 1mol 原料后，提馏段液相增加量，相应地，精馏段气相增加量为 $(1-q)$，因此 q 又称为广义的进料液相比例。当 $0 \leqslant q \leqslant 1$ 时，q 是进料实际的液相比例。当 $q < 0$ 时，为过热蒸气进料，过热蒸气温度高于沸点。例如，进料为 1mol、$q = -0.3$，过热蒸气会降温到沸点，放出的热量能使 0.3mol 精馏段流下来的液体变成气体，相应地，提馏段液相量比精馏段液相量减少了 0.3mol，因此液相增加量为 -0.3mol，气相增加量为 $1-q = 1-(-0.3) = 1.3 = 1$mol 进料 + 0.3mol 液相变气相的量。当 $q > 1$ 时，为过冷液相进料，进料液相的温度低于沸点。例如，进料为 1mol、$q = 1.2$，过冷液相会吸收提馏段上升蒸气的热量，使 0.2mol 提馏段上升蒸气变成液相，提馏段液相量与精馏段液相量相比，增加了 1mol 进料液相加上 0.2mol 蒸气变液相的量，因此增加的液相量为 1.2mol。当原料加入量为 Fmol 时，则提馏段液相增加量为 qFmol，精馏段气相增加量为 $(1-q)F$mol。

4. 精馏段操作方程讨论。

精馏段操作方程为

$$y_{n+1} = \frac{R}{R+1}x_n + \frac{x_D}{R+1}$$

（1）方程中 y_{n+1} 与 x_n 分别为板间截面上气、液相向流体的组成（板序从塔顶开始计算）。

（2）y_{n+1} 与 x_n 满足物料衡算关系。板间气液接触时间短时，两者不满足气液平衡关系。

（3）在正常恒定操作下，x_D 恒定，在恒摩尔流的假设条件下，L、V 恒定，则 $D = V-L$ 也恒定，因此，精馏段操作方程 $Vy_{n+1} = Lx_n + Dx_D$ 为直线方程。

（4）以 $R = 0$、$R = \infty$ 代入直线斜率，得直线斜率范围为 $0 \leqslant \dfrac{R}{R+1} \leqslant 1$。

（5）以 $x_n = x_D$ 代入精馏段操作方程得 $y_{n+1} = x_D$，因此，直线通过点 $(x = x_D, y = x_D)$。根据直线斜率及直线通过此点，可作图 4-24 中的精馏段操作线。

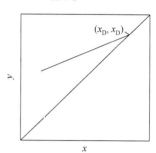

（6）在正常操作（不是无回流 $R = 0$，或全回流 $R = \infty$）时，y_{n+1} 与 x_n 哪个更大（轻组分含量更高）？有以下两种方法判断。

（ⅰ）从图 4-24 看，精馏线在对角线之上，故 $y_{n+1} > x_n$。

（ⅱ）$y_{n+1} = \dfrac{R}{R+1} x_n + \dfrac{x_D}{R+1} \xrightarrow[\text{故}\, y_{n+1} > x_n]{\text{以}\, x_n\, \text{代}\, x_D} y_{n+1} > \dfrac{R}{R+1} x_n +$

图 4-24 精馏段操作线画法

$\dfrac{x_n}{R+1}$。

（7）当 R 增大，以 R 由 0 过渡到 ∞ 的值代入精馏段操作线斜率 $R/(R+1)$，精馏段操作线的斜率变大，并趋近于对角线，y_{n+1} 与 x_n 之差变小，当 $R = \infty$（全回流）时，操作方程变为 $y_{n+1} = x_n$，操作线与对角线重合。

此时，在精馏段任意截面到塔顶区域只有一个进的物料及出的物料。因此，$V = L$，$y_{n+1} = x_n$。类似地可以对提馏段操作方程进行讨论。

5. 加料处操作方程讨论。

（1）加料处操作方程可以由以下三种方法得到。

（ⅰ）原料轻组分 = 原料中广义液相的轻组分 + 原料中广义气相的轻组分，即 $Fx_F = qFx + (1-q)Fy$。

（ⅱ）加料处五个物流的轻组分衡算 $Fx_F + Lx + V'y = L'x + Vy$，再以 $L' = L + qF$、$V = V' + (1-q)F$ 代入消掉 $(L'-L)$、$(V-V')$。

（ⅲ）精馏段操作方程与提馏段操作方程相加：$Vy = Lx + Dx_D$ 加上 $L'x = V'y + Wx_W$，再以 $L' = L + qF$、$V = V' + (1-q)F$ 代入消掉 $(L'-L)$、$(V-V')$。

（2）加料处操作方程为加料热状况 q、加料组成 x_F 两者恒定，其他参数数值可改变时，精馏段操作线与提馏段操作线交点轨迹的方程。

（3）由（2）可知，精馏段操作线、提馏段操作线、加料处操作线三操作线有一个共同交点。

（4）加料处操作方程仅与加料热状况 q 和加料组成 x_F 有关，与 R、x_D、x_W、L、V、L'、V'、D、W、F 无关。

（5）最佳加料板的位置取决于精馏段操作线与提馏段操作线交点 (x_q, y_q)，x_q 与 y_q 的计算式分别为

$$x_q = \frac{V'Dx_D + VWx_W}{L'V - LV'} \text{ 及 } y_q = \frac{LWx_W + L'Dx_D}{L'V - LV'}$$

由此可知，x_D、x_W、L、V、L'、V'、D、W 等参数值对最佳加料板的位置有影响。另外，R、F、x_F 变化对上述参数有影响，因此也对最佳加料板的位置有影响。

（6）在加料处操作线上仅有一个点 (x^*, y^*) 满足气液平衡关系，其他的点均不满足，气液混合进料时，气液组成对应于此点的数值。

6. 增加回流比对塔顶产物的轻组分浓度与流量、塔底产物的轻组分浓度与流量的影响。

增加回流比，塔顶高浓度轻组分的液相回流，使塔内的液相轻组分浓度提高，从高浓度轻组分液相中产生的气相，其轻组分浓度变高，因此塔顶产物的轻组分浓度增加。在塔釜上升蒸气量不变的情况下，当回流量增加，塔顶产物数量减少。而总物料衡算为 $F = D + W$，塔顶产物减少，相应地塔底产物的流量增加。进料时每摩尔料液所含的轻组分为一定数值，当塔顶产物每摩尔物料带走更多的轻组分，塔底产物每摩尔物料中含有的轻组分将会变少。同时，塔顶产物减少，则精馏段板间的气液组成越接近。当塔顶产物等于 0，$V = L$，精馏段板间的气液组成相等。

7. 加料热状况对精馏的影响。

加料热状况参数 q 值越大，进料所含的热量越少，相应地塔内产生的蒸气量越少，在相同回流比下，塔顶产品量 D 减少。对一个气液平衡系统，假设总组成为 0.5，若液相比例越大，液相轻组分浓度越接近于总组成 0.5 的数值。当液相轻组分组成越大，与其平衡的气相轻组分浓度就越大。反之，气相比例接近 100%，气相组成接近 0.5，气相组成接近于最小值。由此可知，加料的 q 值越大，导致精馏塔塔内的液相比例增加、液相轻组分组成增大，相应地，从轻组分组成增大的液相中产生的气相，其轻组分浓度增加。因此，加料的 q 值增大，x_D 增大、D 减少、W 增大、x_W 减少。

8. 逐板计算理论板数。

三操作线交点坐标 (x_q, y_q) 为精馏段与提馏段的分界点。

由塔底开始计算，板序从塔底起算，当某板气相组成 $y_i \geqslant y_q$，进入精馏段，在 i 板设加料处，y_i 作为加料板上升的气相，由 y_i 求 x_{i+1} 开始用精馏段操作方程计算，如图 4-25 所示。

由塔顶开始计算，板序从塔顶起算，当某板液相组成 $x_i \leq x_q$，进入提馏段，在 i 板设加料处，由 x_i 求 y_{i+1} 开始用提馏段操作方程计算。

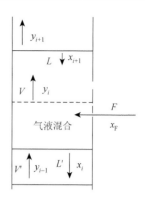

由上可知，加料板（i 板）以上板间液气组成关系用精馏段操作方程来计算，加料板以下板间液气组成关系用提馏段操作方程来计算。加料处可看作是三股物流混合后，产生两股气液组成平衡的物流。

加料处五股物料的气液相组分满足衡算式

$$Lx_{i+1} + Fx_F + V'y_{i-1} = Vy_i + L'x_i$$

图 4-25　加料处物流与组成

该衡算式也可由加料处的精馏段操作方程 $L'x_i = V'y_{i-1} + Wx_W$ 与提馏段操作方程 $Vy_i = Lx_{i+1} + Dx_D$ 相加得到。

加料板的气液组成满足

$$y_i = \alpha x_i / [1 + (\alpha-1)x_i]$$

不同于加料处五股物料轻组分衡算，在推导加料处操作方程时用到的轻组分衡算为 $Lx + Fx_F + V'y = Vy + L'x$，假设 L 与 L' 的组成相等，都为 x，V' 与 V 的组成相等，都为 y。

在加料处操作线上满足气液平衡的点 $(x^*、y^*)$ 落在气液平衡线与加料处操作线的交点上。

三操作线交点 $(x_q、y_q)$ 落在加料处操作线上，因此交点满足加料处操作线轻组分衡算 $Lx_q + Fx_F + V'y_q = Vy_q + L'x_q$ 交点，也落在精馏段操作线与提馏段操作线上，因此也满足精馏段与提馏段的板间气液组成操作关系：

$$Vy_q = Lx_q + Dx_D \text{ 及 } L'x_q = V'y_q + Wx_W$$

若板序从塔底起算，i 板为加料板，y_q 与 x_q 的数值范围是 $y_{i-1} < y_q < y_i$、$x_i < x_q < x_{i+1}$。

当 y_{i-1} 值增加成为 y_q、y_i 值减少成为 y_q、x_i 值增加成为 x_q、x_{i+1} 值减少成为 x_q 时，衡算式由 $Lx_{i+1} + Fx_F + V'y_{i-1} = Vy_i + L'x_i$ 变为 $Lx_q + Fx_F + V'y_q = Vy_q + L'x_q$；精馏衡算式由 $Vy_i = Lx_{i+1} + Dx_D$ 变为 $Vy_q = Lx_q + Dx_D$；提馏衡算式由 $L'x_i = V'y_{i-1} + Wx_W$ 变为 $L'x_q = V'y_q + Wx_W$。

在相对挥发度恒定的气液平衡体系下进行的非最小回流比的正常操作，y_q 与 x_q 不满足气液平衡关系，而 y_i 与 x_i 满足气液平衡方程。

9. 在 D、W 不变的情况下，塔内液相流量或气相流量增加对精馏操作的影响。

增加液相流量：精馏段操作线斜率 $L/(L + D)$ 增加、提馏段操作线斜率 $L'/(L' - W) =$

$1/(1–W/L')$减小，两线远离平衡线、传质推动力增大，达到分离要求所需理论板数减少，或是理论板数不变，塔顶产物的轻组分组成增加，因此增加液相流量对两段传质有利。增加液相流量是通过增加塔釜蒸气的产生量，然后在塔顶增加冷凝液回流量来实现。

增加气相流量：精馏段操作线斜率$(V–D)/V$增加、提馏段操作线斜率$(V'+W)/V'$减小，两线远离平衡线、传质推动力增大，达到分离要求所需理论板数减少。

由以上讨论可知，在题目的限定条件下，液相流量增加等同于气相流量增加，因此两者的效果相同。

10. 两股加料精馏，各塔段操作线斜率比较。

了解各塔段操作线斜率相对大小可以确定各段操作线的相对位置，同时也能定性地了解各段传质推动力的情况。

（1）Ⅰ段操作线（简称Ⅰ线）斜率与Ⅱ段操作线（简称Ⅱ线）斜率比较。

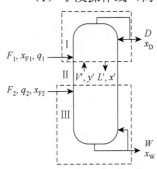

图4-26 两股加料精馏

图 4-26 中Ⅰ段操作方程为$Vy_{n+1} = Lx_n + Dx_D$，式中，$V = V'' + (1-q_1)F_1$。由塔顶至Ⅱ段任意板间截面作轻组分衡算得Ⅱ段操作方程$F_1x_{F1} + V''y''_{n+1} = L''x''_n + Dx_D$，式中，$L'' = L + q_1F_1$。由此可得

$$\text{Ⅰ线斜率} = \frac{L}{V'' + (1-q_1)F_1}$$

$$\text{Ⅱ线斜率} = \frac{L + q_1F_1}{V''}$$

当$0 \leqslant q_1 \leqslant 1$，与Ⅰ线斜率相比，Ⅱ线斜率计算式或是分子大（$q_1 = 1$）时，或是分母小（$q_1 = 0$）时，或是分子大而分母小（$0 < q_1 < 1$）时，Ⅱ线斜率大于Ⅰ线斜率。

当$q_1 > 1$，为冷液进料，与Ⅰ线斜率相比，Ⅱ线斜率的分子增大、分母增大，由此不能判断两线斜率的大小关系。下面用假设法来判断。

当$q_1 > 1$，假设Ⅰ线斜率$\dfrac{L}{V'' + (1-q_1)F_1} \geqslant$Ⅱ线斜率$\dfrac{L + q_1F_1}{V''}$

则

$$LV'' \geqslant V''L + V''q_1F_1 + (1-q_1)F_1L + (1-q_1)F_1q_1F_1$$

整理得

$$0 \geqslant (1-q_1)F_1L + q_1F_1[V'' + (1-q_1)F_1]$$

$$0 \geqslant (1-q_1)L + q_1V$$

$$q_1(L-V) \geqslant L$$

两边除 $L-V$ （负值），得

$$q_1 \leqslant \frac{L}{L-V} = \frac{RD}{RD-(R+1)D} = -R$$

由于 $q_1(>1) \leqslant -R$ （负值）不成立，即假设 " I 线斜率大于 II 线斜率" 错误，因此， II 线斜率大于 I 线斜率。

当 $q_1 < 0$，过热蒸气进料，与 I 线斜率相比， II 线斜率的分子变小、分母变小，由此不能判断两线斜率的大小关系。下面用假设法来判断。

当 $q_1 < 0$，假设 I 线斜率 $\dfrac{L}{V''+(1-q_1)F_1} >$ II 线斜率 $\dfrac{L+q_1F_1}{V''}$，类似前面整理得 $q_1 < -R$。因为 $q_1 < 0$，当 q_1 为某个负值时，设为 -1，通过调节 R，$-R$ 的数值可以在 0（不回流）至 $-\infty$（全回流）范围内变化，因此，存在 $q_1 < -R$，也存在 $q_1 = -R$ 及 $q_1 > -R$。即原假设成立，存在 " I 线斜率 > II 线斜率"，同时也存在 " I 线斜率 = II 线斜率" 及 " I 线斜率 < II 线斜率"。

结论：$q_1 \geqslant 0$ 时， II 线斜率 > I 线斜率。

$q_1 < 0$ 时，调节 R 使 $-R$ 值由 0 向 $-\infty$ 变化，逐渐由 " I 线斜率 > II 线斜率" 过渡到 " I 线斜率 = II 线斜率"，再到 " I 线斜率 < II 线斜率"。

（2） II 段操作线斜率与 III 段操作线（简称 III 线）斜率比较。

由塔底至 II 段任意截面作轻组分衡算，如图 4-26 所示。 II 段操作方程为 $F_2x_{F2} + L''x_n'' = V''y_{n+1}'' + Wx_w$，式中，$V'' = V' + (1-q_2)F_2$。 III 段操作方程为 $L'x_n' = V'y_{n+1}' + Wx_w$，式中，$L' = L'' + q_2F_2$。由此可得

$$\text{II 线斜率} = \frac{L''}{V'+(1-q_2)F_2}$$

$$\text{III 线斜率} = \frac{L''+q_2F_2}{V'}$$

当 $q_2 = 0$，与 II 线斜率相比， III 线斜率的分子相同而分母变小，因此， III 线斜率大于 II 线斜率；当 $q_2 = 1$，与 II 线斜率相比， III 线斜率的分子变大而分母相同，因此， III 线斜率大于 II 线斜率；当 $0 < q_2 < 1$，与 II 线斜率相比， III 线斜率的分子变大而分母变小，因此， III 线斜率大于 II 线斜率。因此，当 $0 \leqslant q_2 \leqslant 1$ 时， III 线斜率大于 II 线斜率。

当 $q_2 > 1$ 时，假设 II 线斜率 $\dfrac{L''}{V'+(1-q_2)F_2} >$ III 线斜率 $\dfrac{L''+q_2F_2}{V'}$，则

$$L''V' > L''V' + q_2F_2V' + L''(1-q_2)F_2 + q_2F_2(1-q_2)F_2$$

整理

$$(q_2 - 1)(L'' + q_2 F_2) > q_2 V'$$

$$(q_2 - 1)L' > q_2 V'$$

$$q_2 > \frac{L'}{L' - V'} = \frac{L'}{W}$$

调节釜供热量及 W，L'/W 数值可以在 1（V' 趋于 0、$W \approx L'$）至 ∞（W 趋于 0、V' 无限趋近 L'）范围内变化。

当 q_2 为大于 1 的某个数值时，设为 2，由于 L'/W 数值在 1～∞ 范围内可调，因此存在 $q_2 > L'/W$，也存在 $q_2 = L'/W$ 及 $q_2 < L'/W$。即原假设成立，存在"Ⅱ线斜率＞Ⅲ线斜率"，同时也存在"Ⅱ线斜率＝Ⅲ线斜率"及"Ⅱ线斜率＜Ⅲ线斜率"。

当 $q_2 < 0$ 时，假设Ⅱ线斜率 $\dfrac{L''}{V' + (1 - q_2)F_2} \geqslant$ Ⅲ线斜率 $\dfrac{L'' + q_2 F_2}{V'}$，类似前面整理得 $q_2 \geqslant \dfrac{L'}{W}$。$q_2$（负数）$\geqslant L'/W$（正数）不成立，说明原假设错误，因此，Ⅲ线斜率大于Ⅱ线斜率。

结论：$q_2 \leqslant 1$，Ⅲ线斜率＞Ⅱ线斜率。

$q_2 > 1$，存在"Ⅲ线斜率＞Ⅱ线斜率"，也存在"Ⅲ线斜率＝Ⅱ线斜率"及"Ⅲ线斜率＜Ⅱ线斜率"。

4.8　液液萃取知识要点

1. 选择性系数 β 的值与什么因素有关？

选择性系数 β 的值可用下式计算：

$$\beta = \frac{y_A^0 / y_B^0}{x_A^0 / x_B^0} = \frac{\dfrac{y_A^0}{1 - y_A^0}}{\dfrac{x_A^0}{1 - x_A^0}} = \frac{\dfrac{1}{x_A^0} - 1}{\dfrac{1}{y_A^0} - 1}$$

由此式可知，x_A^0 越小、y_A^0 越大，β 的值越大。

2. 平衡联结线的斜率越大，是否选择性系数 β 的值越大？

平衡联结线斜率越大，并不能保证 x_A^0 越小、y_A^0 越大，从而使 β 值越大。图 4-27 中的 cd 平衡联结线斜率小于 ab 平衡联结线斜率，但 cd 平衡联结线对应萃取系统的 x_A^0 更小、y_A^0 更大，因此其 β 值更大。当萃取相组成点与过 S 点的溶解度曲线切点越靠近，y_A^0 越大；当萃余相组成点越低，则 x_A^0 越小。

3. 当组分 B 不溶解于溶剂时，为什么 β 为无穷大？

由选择性系数 β 的计算式

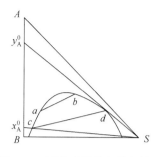

$$\beta = \frac{y_A^0 / y_B^0}{x_A^0 / x_B^0} = \frac{\dfrac{y_A^0}{1-y_A^0}}{\dfrac{x_A^0}{1-x_A^0}} = \frac{\dfrac{1}{x_A^0}-1}{\dfrac{1}{y_A^0}-1}$$

可知，萃取相无 B，脱溶剂后，$y_A^0 = 1$，$\beta \to \infty$。

图 4-27　平衡联结线与萃取效果

4.9　固体干燥知识要点

4.9.1　固体干燥基础理论方面

1. 总压变大，湿空气的水汽分压如何变化？

总压 = 空气分压 + 水汽分压，总压变大，由于空气与水汽的比例不变，空气分压、水汽分压与总压呈正比例增加。

2. 湿空气参数发生变化，其露点如何变化？

露点的定义：不饱和空气在总压 p 及湿度 H 保持不变的情况下进行冷却，达到饱和时的温度称为露点 T_d 或 $T_{d恒压}$。

但实际干燥不一定都在恒压下进行，将未饱和湿空气冷却达到饱和时的温度称为实际露点 $T_{d实}$，$T_{d实}$ 更具有实际意义。某种状态的湿空气是否具有吸纳水分的能力可依据其 $T_{d实}$ 进行判断。下述恒容露点，$T_{d实}$ 用 $T_{d恒容}$ 表示。

恒压露点 $T_{d恒压}$ 与恒容露点 $T_{d恒容}$ 大小关系比较：设初始态水汽为未饱和状态 (T_1, p_1, V_1)，其终态为露点状态 (T_{d2}, p_{s2}, V_2)，若终态为恒压露点，T_{d2}、p_{s2} 可分别表示为 $T_{d2恒压}$、$p_{s2恒压}$，水汽始终态满足 $p_1 V_1 / T_1 = p_{s2恒压} V_2 / T_{d2恒压}$，式中 $p_{s2恒压} = p_1$、$T_{d2恒压}$ 降低、V_2 减少；若终态为恒容露点，T_{d2}、p_{s2} 可分别表示为 $T_{d2恒容}$、$p_{s2恒容}$，水汽始终态满足 $p_1 V_1 / T_1 = p_{s2恒容} V_2 / T_{d2恒容}$，式中 $V_2 = V_1$、$T_{d2恒容}$ 降低、$p_{s2恒容}$ 减小。由于 $p_{s2恒容}(< p_1) < p_{s2恒压}(= p_1)$，因此 $T_{d2恒容} < T_{d2恒压}$。

恒压露点变化的判据：水汽 1、2 状态满足 $p_1 V_1 / T_1 = p_2 V_2 / T_2$，若 $V_1 / T_1 > V_2 / T_2$，则 $p_1 < p_2$，设 1、2 状态湿空气恒压降温到露点的饱和水蒸气压分别为 $p_{s1恒压}$、$p_{s2恒压}$，则 $p_{s1恒压}(= p_1) < p_{s2恒压}(= p_2)$，因此，状态 1 对应的露点 $T_{d1恒压}$ 低于状态 2 对应的露点 $T_{d2恒压}$。反之，若 $V_1 / T_1 < V_2 / T_2$，则 $p_1 > p_2$，$T_{d1恒压} > T_{d2恒压}$。由此可见，水汽分压变大或变小对应（恒压）露点升高或降低。

　　恒容露点变化判据：水汽 1、2 状态满足 $p_1V_1/T_1 = p_2V_2/T_2$，若 $V_1 > V_2$，当 1、2 状态水汽分别恒容降温到相同温度的 x、y 状态，可相应地表示为 $p_1V_1/T_1 = p_xV_1/T_x$、$p_2V_2/T_2 = p_yV_2/T_y$，由于 $T_x = T_y$、$V_1 > V_2$，则 $p_x < p_y$。若此时 y 状态已达到露点，由于 $p_x < p_y$，则 x 状态仍需继续降温才能达到露点。由此可知，水汽 1、2 状态对应的恒容露点关系为 $T_{d1恒容} < T_{d2恒容}$，即湿空气体积减小，恒容露点升高。反之，湿空气体积增加，恒容露点降低。若湿空气体积恒定，则恒容露点不变。

　　（1）体积恒定下的露点讨论。

　　将温度 T_d 为 323.15K、饱和水蒸气压 p_{s1} 为 12 340Pa、相对湿度为 100% 的露点状态湿空气恒容升温到 373.15K，其水汽分压 = 373.15 p_{s1}/T_d = 14 249Pa。由于 373.15K 对应的饱和水蒸气压 p_{s2} 为 101 330Pa，由此可计算出此时湿空气的相对湿度为 14 249/101 330 = 14.1%。湿空气相对湿度降低的原因是，在恒容条件下，湿空气升温，总压升高导致水汽分压升高的数值达不到温度升高对应饱和水蒸气压升高的数值。而且湿空气系统压强变化不是很大的情况下，温度与饱和水蒸气压的关系基本不变，因此湿空气的相对湿度变小。在恒容条件下，水汽分压为 14 249Pa 的 373.15K 湿空气，只有降温到 323.15K，其水汽分压相应地降低到 12 340Pa 时才能达到饱和，因此，水汽分压为 14 249Pa 的 373.15K 湿空气，其恒容露点仍是 323.15K。即在恒容条件下，湿空气压强或温度在水汽不饱和状态范围内升高或降低，其恒容露点 $T_{d恒容}$ 均保持不变。

　　水汽恒体积升温，水汽始终态满足 $p_1V_1/T_1 = p_{2大}V_1/T_{2大}$，由于 $p_{2大} > p_1$，因此终态湿空气露点 T_{d2} 高于始态湿空气露点 T_{d1}，即 $T_{d2} > T_{d1}$；反之，湿空气恒体积降温，水汽始终态满足 $p_1V_1/T_1 = p_{2小}V_1/T_{2小}$，$p_{2小} < p_1$，则 $T_{d2} < T_{d1}$。

　　（2）体积增加对露点的影响。

　　由恒容露点变化判据可知，体积增大，$T_{d2恒容} < T_{d1恒容}$。

　　温度不变：水汽始终态满足 $p_1V_1 = p_{2小}V_{2大}$，$p_{2小}$ 减小，则 $T_{d2} < T_{d1}$。

　　温度升高：水汽始终态满足 $p_1V_1/T_1 = p_2V_{2大}/T_{2大}$，若 $V_1/T_1 < V_{2大}/T_{2大}$，p_2 减小，则 $T_{d2} < T_{d1}$；若 $V_1/T_1 > V_{2大}/T_{2大}$，p_2 增大，则 $T_{d2} > T_{d1}$。

　　温度降低：水汽始终态满足 $p_1V_1/T_1 = p_{2小}V_{2大}/T_{2小}$，终态 $p_{2小}$ 减少，则 $T_{d2} < T_{d1}$。

　　（3）体积减小对露点的影响。

　　由恒容露点变化判据可知，体积减小，$T_{d2恒容} > T_{d1恒容}$。

　　温度不变：水汽始终态满足 $p_1V_1 = p_{2大}V_{2小}$，p_2 增大，则 $T_{d2} > T_{d1}$。

　　温度升高：水汽始终态满足 $p_1V_1/T_1 = p_{2大}V_{2小}/T_{2大}$，$p_2$ 增大，则 $T_{d2} > T_{d1}$。

　　温度降低：水汽始终态满足 $p_1V_1/T_1 = p_2V_{2小}/T_{2小}$，若 $V_1/T_1 < V_{2小}/T_{2小}$，p_2 减少，则 $T_{d2} < T_{d1}$；若 $V_1/T_1 > V_{2小}/T_{2小}$，p_2 增大，则 $T_{d2} > T_{d1}$。

（4）总压变化对露点的影响。

当总压增大，水汽分压 p_2 随之增大，因此有 $T_{d2} > T_{d1}$；反之，总压变小，则 $T_{d2} < T_{d1}$；若总压不变，水汽分压 p_2 不变，则 $T_{d1} = T_{d2}$。恒容露点需要先知道体积是否变化，然后用上述恒容露点变化判据来确定。

（5）温度变化对露点的影响。

温度升高：水汽始终态满足 $p_1V_1/T_1 = p_2V_2/T_{2大}$，若 $V_1/T_1 < V_2/T_{2大}$，p_2 减少，则 $T_{d2} < T_{d1}$；若 $V_1/T_1 > V_2/T_{2大}$，p_2 增大，则 $T_{d2} > T_{d1}$。恒容露点需要先知道体积是否变化，然后用上述恒容露点变化判据来确定。

温度不变：水汽始终态满足 $p_1V_1 = p_2V_2$，若 $V_1 > V_2$，p_2 增加，则 $T_{d2} > T_{d1}$，$T_{d1恒容} < T_{d2恒容}$；若 $V_1 < V_2$，p_2 减少，则 $T_{d2} < T_{d1}$，$T_{d1恒容} > T_{d2恒容}$。

温度降低：水汽始终态满足 $p_1V_1/T_1 = p_2V_2/T_{2小}$，若 $V_2/T_{2小} > V_1/T_1$，p_2 减少，则 $T_{d2} < T_{d1}$；若 $V_2/T_{2大} < V_1/T_1$，p_2 增加，则 $T_{d2} > T_{d1}$。恒容露点需要先知道体积是否变化，然后用上述恒容露点变化判据来确定。

3. 湿物料各类水分分析。

临界含水量不仅与物料本身静态因素（物料与水的结合力性质）、动态传质因素（物料结构、粒度等）有关，还受干燥介质空气静态因素（空气的温度与湿度）及动态因素（空气流速）的影响，包括物料与空气两方动态、静态因素；平衡水分、自由水分则与空气静态因素（空气的温度与湿度）、物料本身静态因素（物料与水的结合力性质）有关，包括物料与空气两方静态因素；结合水与非结合水仅与物料本身静态因素（物料与水的结合力性质）有关，与空气状态无关，只包括物料一方静态因素。

4.9.2　固体干燥操作方面

1. 物料变细，物料内哪种水分会发生变化？如何变化？

物料变细，水分传递阻力变小，物料含水量较少时，才会出现传质速率小于汽化速率，因此临界含水量变低。

2. 等速阶段干燥速率变大，临界含水量是否变化？

等速阶段干燥速率变大，传质速率小于汽化速率的情况会提早出现，因此，临界含水量变大。

3. 用电吹风或电熨斗使湿衣服变干，哪种方法更节能？

电吹风是利用热空气干衣，热空气带走了大量的热能，而电熨斗的热量直接传给衣服，因此用电熨斗干衣更节能。同样道理，由于对流干燥时废气带走大量热量，因此其热量利用率不高。气流干燥器干燥去除湿淀粉 1kg 水分需要 2.0～

2.2kg 蒸汽、$10m^3$ 的空气。利用废气的热量来预热空气或物料，可提高热量的利用率。

4. 干燥器热效率讨论。

干燥器热效率 η 计算式为

$$\eta = \frac{Vc_{pH1}(t_1 - t_2) - Q_{损} + Q_{补}}{Vc_{pH1}(t_1 - t_0) + Q_{补}}$$

$Q_{损}$ 增大，热效率 η 变低。

$Q_{补}$ 增大，热效率 η 增大。

预热器入口空气温度 t_0 升高，热效率 η 增大。

预热器出口空气温度 t_1 升高，热效率 η 增大。

废气出口温度 t_2 降低，热效率 η 增大。

但废气出口温度 t_2 降低，干燥速率下降，干燥时间延长，完成相同任务设备容积变大。若 t_2 太低，废气的湿度 H 趋于接近饱和湿度 H_s 时，在干燥器出口处容易散热降温而析出水滴使物料返潮。

提高空气预热温度 t_1，单位质量空气携带的热量多，可提高热效率。干燥需要的空气量少，废气带走的热量减少，热效率提高。但是，t_1 以不应使物料受热变质为限。对于不耐热物料，可在干燥器内设置一个或多个加热器来提高热效率。

参 考 文 献

陈敏恒，丛德滋，方图南，等. 2015. 化工原理（上册）. 4版. 北京：化学工业出版社.

陈敏恒，丛德滋，方图南，等. 2015. 化工原理（下册）. 4版. 北京：化学工业出版社.

陈奇伟，马晓娟，李连伟. 2004. 马铃薯淀粉生产技术. 北京：金盾出版社.

广东省糖纸工业公司. 1989. 甘蔗制糖. 北京：中国轻工业出版社.

劳动部教材办公室. 1997. 甘蔗制糖工艺. 北京：中国劳动出版社.

李惠敏. 1958. 酒精生产工人基本知识. 北京：中国轻工业出版社.

刘亚伟. 2001. 淀粉生产及其深加工技术. 北京：中国轻工业出版社.

张代芬，康云川，李祺德. 1993. 甘蔗糖蜜酒精工艺学. 昆明：云南教育出版社.

周敬宜. 1986. 酒精生产技术问答. 成都：四川科学技术出版社.